Entwicklung eines Simulationssystems zur Analyse des Kegelradfräsens

Von der Fakultät für Maschinenwesen
der Rheinisch-Westfälischen Technischen Hochschule Aachen
zur Erlangung des akademischen Grades eines
Doktors der Ingenieurwissenschaften
genehmigte Dissertation

vorgelegt von

Uwe Alexander Rütjes

Berichter:

Prof. Dr.-Ing. Christian Brecher
Prof. Dr.-Ing. Dr.-Ing. E.h. Dr. h.c. Fritz Klocke

Tag der mündlichen Prüfung: 17. Dezember 2009

ERGEBNISSE AUS DER PRODUKTIONSTECHNIK

Uwe Alexander Rütjes

Entwicklung eines Simulationssystems zur Analyse des Kegelradfräsens

Herausgeber:
Prof. Dr.-Ing. Dr.-Ing. E.h. Dr. h.c. F. Klocke
Prof. Dr.-Ing. Dipl.-Wirt.Ing. G. Schuh
Prof. Dr.-Ing. C. Brecher
Prof. Dr.-Ing. R. Schmitt

Band 10/2010

WZL RWTH AACHEN
Fraunhofer IPT

Bibliografische Information der Deutschen Nationalbibliothek
Die Deutsche Nationalbibliothek verzeichnet diese Publikation in der Deutschen Nationalbibliografie; detaillierte bibliografische Daten sind im Internet über http://dnb.ddb.de abrufbar.

Uwe Alexander Rütjes:
Entwicklung eines Simulationssystems zur Analyse des Kegelradfräsens

1. Auflage, 2010

Wissenschaftsverlag des Instituts für Industriekommunikation und Fachmedien an der RWTH Aachen
Steinbachstr. 25, 52074 Aachen
Internet: www.apprimus-verlag.de, E-Mail: info@apprimus-verlag.de

Druck: KN Digital Printforce GmbH, Stuttgart

ISBN 978-3-940565-59-4

D 82 (Diss. RWTH Aachen University, 2009)

Vorwort

Die vorliegende Arbeit entstand während meiner Tätigkeit als wissenschaftlicher Mitarbeiter am Laboratorium für Werkzeugmaschinen und Betriebslehre (WZL) der RWTH-Aachen. Meinen besonderen Dank möchte ich Herrn Prof. Dr.-Ing. Christian Brecher und Prof. Dr.-Ing. Dr.-Ing. E.h. Dr. h.c. Fritz Klocke aussprechen, da sie mir diese sehr spannende und fordernde Arbeit ermöglicht haben, und mir mit Ihrem Rat zur Seite standen. Darüber hinaus möchte ich Herrn Prof. em. Dr.-Ing. Dr.-Ing. E.h. Manfred Weck danken, von dem ich gerade zu Beginn meiner Tätigkeit viel gelernt habe.

Danken möchte ich auch den Industriepartnern der Firma Klingelnberg, in Person von Herrn Karl-Martin Ribbeck und Herrn Dr.-Ing. Alexander Landvogt. Ohne Ihre tatkräftige Unterstützung wäre es nicht möglich gewesen diese Arbeit zu realisieren. Auch möchte ich Herrn Eric Mundt der Firma The Gleason Works nennen, da ich bei Ihm meine ersten Schritte in der Welt der Kegelräder unternommen und sehr viel gelernt habe.

Besonderer Dank gilt auch Herrn Dr.-Ing. Heiko Schlattmeier. Er hat mich während meiner gesamten Hochschullaufbahn stets gefördert und auch gefordert.

Des Weiteren möchte ich Herrn Dr.-Ing. Michael Baxmann, Herrn Ario Hardjosuwito, Herrn Marcus Riverein und Herrn Matthias Reimann für die kritische Durchsicht der Arbeit danken. Die Hinweise haben mir sehr bei einer anschaulichen Niederschrift der vorliegenden Forschungsergebnisse geholfen.

Auch möchte ich den Kollegen der gesamten Getriebegruppe des WZL und besonders Herrn Dr.-Ing. Alexander Klein danken. Die zahlreichen Diskussionen haben Licht in so manches Dunkel bringen können. Auch denke ich, dass eine solche nahezu einzigartig in der deutschen Hochschullandschaft ist, und es nur wenig vergleichbare Einrichtungen an anderen Universitäten existieren.

Ebenso danke ich auch meinen ehemaligen studentischen Hilfskräften Frau Zeynep Tosun, Herrn Thomas Wendler, Herrn Christian Berg, Herrn Richard Habermann, Herrn Marc Janas und Herrn Adrian Mihailescu. Durch ihre engagierte Unterstützung haben sie einen wesentlichen Teil zu der vorliegenden Arbeit beigetragen.

Schließlich möchte ich auch meiner Familie danken, die mir die Grundlage für das Studium gelegt und mich auch immer unterstützt haben. Und ganz besonders danke ich meiner zukünftigen Frau Nadine Miri Behling, welche in arbeitsreichen Zeiten immer ein aufmunterndes Wort und viel Kraft gegeben hat.

München, im April 2010

Inhaltsverzeichnis

Formelzeichen und Abkürzungsverzeichnis

a	-	Aspektverhältnis
a_e	mm	Arbeitseingriff
A_α	-	Hauptfreifläche
A_γ	-	Spanfläche
A_i	mm^2	Spanungselementfläche
A'_i	mm^2	Bewertete Spanungselementfläche
A''_i	mm^2	Gewichtungsfläche
A_{i0}	-	0. Koeffizient der Spanungsgeometrie-Zerspankraftfunktion
A_{i1}	-	1. Koeffizient der Spanungsgeometrie-Zerspankraftfunktion
A_{i2}	-	2. Koeffizient der Spanungsgeometrie-Zerspankraftfunktion
A_{i3}	-	3. Koeffizient der Spanungsgeometrie-Zerspankraftfunktion
b	mm	Breite
b_i	-	Klassenbreite
d	mm	Distanz
d_{ae}	mm	Außendurchmesser an der äußeren Teilkegellänge
d_i	-	Elementwert
$\bar{d}$	-	Mittelwert
f	mm	Vorschub
F_c	N	Schnittkraft
$F_{c\gamma n}$	N	Resultierende aus $F_{\gamma t}$ und $F_{\gamma n}$
F_{Di}	N	Drangkraft eines Elements
$F_{\gamma n}$	N	Normalkraft zur Spanfläche
$F_{\gamma t}$	N	Tangentialkraft zur Spanfläche
F_f	N	Vorschubkraft
F_{fp}	N	Resultierende aus F_f und F_p

F_i	N	Elementkraft
F_p	N	Passivkraft
$F_{\Phi n}$	N	Normalkraft zur Scherebene
$F_{\Phi t}$	N	Tangentialkraft zur Scherebene
F_{xi}	N	Elementkraft in x-Richtung
F_{xn}	N	Normalkraft zur Hauptschneide
F_{xt}	N	Tangentialkraft zur Hauptschneide
F_{yi}	N	Elementkraft in y-Richtung
h	mm	Spandicke
H	mm	Profilgesamthöhe des Stabmessers
h_i	-	Relative Häufigkeit
H_i	-	Absolute Häufigkeit
HT	mm	Höhe der Kopfrücknahme
Hd	mm	Dedendum
h_{cu}	mm	Spanungsdicke
$h_{cu,max}$	mm	maximale Spanungsdicke
h'_{cu}	mm	Bewertete Spanungsdicke
h''_{cu}	mm	Gewichtete Spanungsdicke
h^*_{cu}	mm	Resultierende Spanungsdicke
K_F	€	Fertigungskosten je Werkstück
K_{ML}	€/s	Maschinen und Lohnkosten
K_{WT}	€/s	Werkzeugkosten
l	mm	Länge
l_c	mm	Schnittweg
l_e	mm	Wirkweg
l_f	mm	Vorschubweg
l_{max}	mm	maximale Länge
l_{min}	mm	minimale Länge
l_s	mm	Schneidkantenlänge
m	-	Losgröße
m_{nm}	mm	mittlerer Normalmodul
m_p	mm	Modul des Bezugsprofils

n	-	Anzahl der Elemente
$\vec{n}$	-	Flächennormale
p	-	Anzahl der Klassen
$\vec{p}$	-	Werkzeugpunkt
P_f	-	Werkzeug-Arbeitsebene
P_{fe}	-	Wirk-Arbeitsebene
P_n	-	Werkzeug-Normalebene
P_{ne}	-	Wirk-Normalebene
P_o	-	Werkzeug-Orthogonalebene
P_{oe}	-	Wirk-Orthogonalebene
P_p	-	Werkzeug-Rückebene
P_r	-	Werkzeug-Bezugsebene
P_{re}	-	Wirk-Bezugsebene
P_s	-	Werkzeug-Schneidenebene
P_{se}	-	Wirk-Schneidenebene
R_{aT}	mm	Radius der Kopfrücknahme
R_{fl}	mm	Flugkreisradus der Stabmesser
r_{h0}	mm	Radius der Kopfrundung des Stabmessers
R_{hb}	mm	Radius der Höhenballigkeit
r_i	mm	Rechteckhöhe
$\vec{s}$	m	Schnittpunkt
T	s	Werkzeugstandzeit
t_h	s	Hauptzeit
$t_{lücke}$	s	Hauptzeit für eine Zahnlücke
t_n	s	Nebenzeit
t_r	s	Rüstzeit
u	-	Parameter der Fläche
v	-	Parameter der Fläche
v	mm	Werkzeugversatz
v_c	m/s	Schnittgeschwindigkeit
v_{cu}	m/s	Spangeschwindigkeit
v_e	m/min	Wirkgeschwindigkeit

v_f	m/min	Vorschubgeschwindigkeit
v_w	°/min	Wälzgeschwindigkeit
w	mm	Spitzenabstand der Radien am Kopf des Stabmessers
x_{h1}	-	Höhenprofilverschiebung
z	-	Zähnezahl

Griechische Formelzeichen:

α	°	Wälzposition
α_0	°	Freiwinkel
α_{0e}	°	effektiver Freiwinkel
α_p	°	Profilwinkel
α_{ende}	°	Ende des Wälzweges
α_f	°	Flankenwinkel des Stabmessers
α_{fv}	°	Flankenwinkel des Stabmessers der konkaven Flanke
α_{fx}	°	Flankenwinkel des Stabmessers der konvexen Flanke
α_{fe}	°	Wirk-Seitenfreiwinkel
α_m	°	Mittlerer Wälzwinkel
α_{ne}	°	Wirk-Normalfreiwinkel
α_{nv}	°	Eingriffswinkel der konkaven Flanke
α_{nx}	°	Eingriffswinkel der konvexen Flanke
α_{oe}	°	Wirk-Orthogonalfreiwinkel
α_{start}	°	Beginn des Wälzweges
α_t	°	Winkel der Kopfrücknahme
β_0	°	Keilwinkel
β_e	°	äußerer Spiralwinkel
β_{fe}	°	Wirk-Seitenkeilwinkel
β_m	°	mittlerer Spiralwinkel
β_{0e}	°	effektiver Keilwinkel
γ_0	°	Spanwinkel
γ_{fe}	°	Wirk-Seitenspanwinkel
γ_{oe}	°	Wirk-Orthogonalspanwinkel

η	°	Neigungswinkel
λ_{se}	°	Neigungswinkel
ρ	mm	Fußrundungsradius
φ	°	Drehwinkel
σ	-	Standardabweichung
σ^2	-	Varianz
τ_p	°	Teilungswinkel des Planrades
Φ	°	Scherwinkel
χ_{re}	°	Wirk-Einstellwinkel
ω	°	Messerdrehwinkel

1 Einleitung

Die ständig steigenden Anforderungen an das Lauf- und Lastverhalten sowie die Tragfähigkeit von modernen Leistungsgetrieben erfordern eine optimale Auslegung der Verzahnungen [WECK92]. Dies gilt insbesondere für Kegelradverzahnungen, die in Verteiler- und Winkelgetrieben zum Einsatz kommen. Neben der Gestaltung der Makrogeometrie sind Zahnflankenmodifikationen ein wichtiges Gestaltungselement zur Realisierung der immer größeren Leistungsdichten.

Die Fertigung dieser anspruchsvollen Zahnflankengeometrien geschieht durch kinematisch komplexe Fertigungsprozesse auf CNC-gesteuerten Werkzeugmaschinen. Als Schneidwerkzeug kommen spezielle Werkzeuge zum Einsatz. Aufgrund der allgemeinen Forderung, die Kosten in der Fertigung immer weiter zu senken, um so konkurrenzfähig zu bleiben, ist die Wirtschaftlichkeitsbetrachtung dieser Fertigungsprozesse unabdingbar [NN07a, NN07b].

In der klassischen Fertigungskette zur Kegelradherstellung kommen zur Vorbearbeitung Fräsprozesse zum Einsatz. Eine Steigerung der Produktivität und die Reduzierung der Fertigungskosten kann durch die konsequente Minimierung der Haupt- und Nebenzeiten des Fräsprozesses erzielt werden. Dies wird im Allgemeinen durch größere Vorschubgeschwindigkeiten und längere Werkzeugstandzeiten realisiert. Dabei kommt der Trockenbearbeitung der Kegelradverzahnung eine immer größere Bedeutung zu.

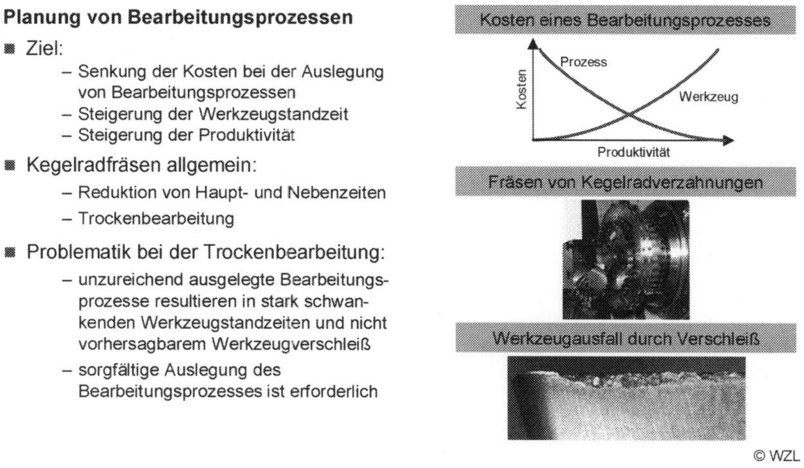

Bild 1.1: Herausforderungen beim Fräsen von Kegelrädern

Die Reduzierung der Verzahnzeiten erfordert vor allem in der Kombination mit der Trockenbearbeitung einen sorgfältig auf die Belastungen des Werkzeugs ausgelegten Bearbeitungsprozess [PEIF02]. Andernfalls kann es zu großen Schwankungen der Werkzeugstandzeiten aufgrund starken Verschleißes an der Werkzeugschneidkante und damit zu einer geringen Prozessfähigkeit kommen, **Bild 1.1**.

Um diese Unregelmäßigkeiten im Prozess zu vermeiden, müssen die Bedingungen während des Zerspanprozesses bereits in der Auslegungsphase bekannt sein. Diese Erkenntnisse können einerseits durch zeit- und kostenaufwendige Versuche oder durch eine Simulation während der Bauteilentwicklung gewonnen werden [WECK03]. Bei der Fräsbearbeitung von Kegelrädern handelt es sich um besonders komplexe Prozesse, bei denen die theoretischen Grundlagen der Fräsbearbeitung Anwendung finden. Andererseits liegt diesen Fräsprozessen eine verwundene Kegelradgeometrie zugrunde, was sich in den Werkzeugen und Prozessen widerspiegelt. Wegen dieser Zusammenhänge ist eine analytische Betrachtung nur schwer möglich, wodurch aufwendige Simulationsmodelle notwendig werden. Aus diesem Grund wird in dieser Arbeit ein Modell entwickelt, mit dem es möglich werden soll, diese Prozesse im Detail zu analysieren. Nach einer Beschreibung der Umsetzung werden erste Ergebnisse vorgestellt.

Introduction

Today an optimal design of bevel gears is demanded by the increasing requirements on the rolling behavior [WECK92]. This is especially true for bevel gears in rear axle transmissions. Besides the design of the dimensions the modifications of the tooth flank topography are gaining more and more importance.

These modifications have to be manufactured in high accuracy. In order to reach this goal, special machines with unique tools are used for manufacturing. Additionally, increasing demands on the cost effectiveness of the manufacturing processes require an efficient process in order to stay competitive [NN07a, NN07b].

For bevel gears usually cutting processes are used as pre-machining. An increase in productivity is realized by a consistent reduction of the main and auxiliary machine times. Higher feed rates and higher tool lives lead to this goal. Dry manufacturing processes are significant to reach this goal.

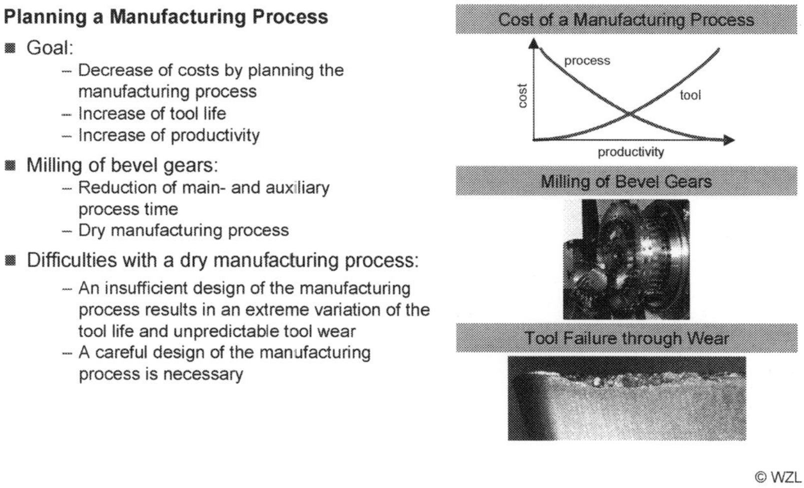

Fig. 1.1: Challenges of bevel gear cutting

In dry machining a careful designed manufacturing process is needed, with respect to the loads on the tool [PEIF02]. Otherwise large variations in tool life might occur, due to the wear of the cutting edge, **Fig. 1.1**.

In order to avoid irregularities during the manufacturing process the loads on the cutting edge have to be known. This can be realized by time and cost intensive trials or by simulating the manufacturing process during the design phase [WECK03]. Although the theoretical basis for cutting processes can be used, bevel gear cutting is a very complex manufacturing process, where the geometry of the bevel gears must be manufactured. Therefore, special tools and machine movements are utilized. These complex relations of tool geometry and process movements make a simplified analytical approach not feasible and a higher simulation model becomes necessary. This paper describes how such a sophisticated model is developed and shows first results.

2 Stand der Technik

State of the Art

Kegelräder sind ein weit verbreitetes Maschinenelement. Ihre Aufgabe besteht in der Übertragung und Wandlung von Drehmomenten und Drehzahlen. Die Besonderheit liegt vor allem in der Anwendung als Winkelgetriebe. Ihre Einsatzgebiete liegen bei den Industriegetrieben, in der Schiff- und Luftfahrt und vor allem im Achsgetriebe von Automobilen [KLIN08, LECH94, LOOM96]. **Bild 2.1** zeigt eine Übersicht über Kegelradgetriebe.

- Kegelräder
  - Einsatzgebiet ist die Leistungsübertragung über gekreuzte Achsen
  - Hauptanwendungsgebiet ist das Differential im Automobil
- Auslegung
  - Auslegung nach dem zu übertragenden Moment (Makrogeometrie)
  - Weitere Auslegung nach Geräusch- und Lastverhalten (Mikrogeometrie)
  - Betrachtet werden das Tragbild und der Drehfehler
  - Daraus Bestimmung des Ease-Off
- Fertigung
  - verschiedene Fertigungsverfahren im Einsatz
  - Jedes Fertigungsverfahren erzeugt eine verfahrensspezifische Makrogeometrie

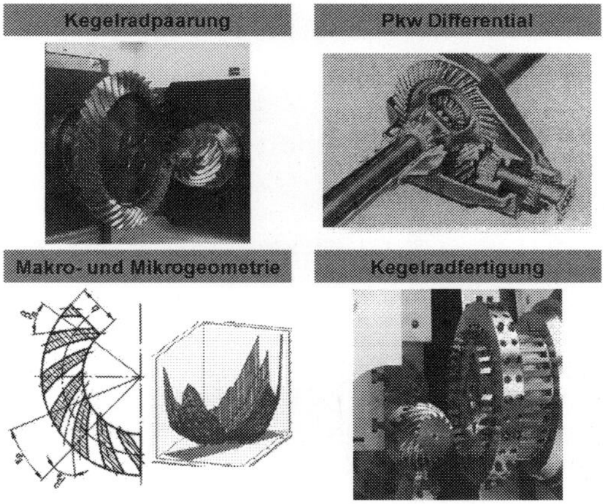

Quelle: [DIN3971], Klingelnberg © WZL

Bild 2.1: Übersicht über Kegelradverzahnungen
Bevel Gear Overview

Wie in der oberen Hälfte des Bildes zu erkennen ist, wird durch Kegelradgetriebe eine Leistung über einen Achswinkel übertragen. Durch die Zahnform und den Einsatz in Achsgetrieben von Pkw und Lkw ist eine Kegelradverzahnung ein sehr komplexes Maschinenelement, welches in großen Losen produziert wird.

Der Einsatz von Kegelrädern im Getriebe wird durch das Laufverhalten beschrieben. Dieses gibt an, wie sich die Kegelradpaarung im Einsatz unter Last verhält. Das Laufverhalten hängt besonders von der Makro- und Mikrogeometrie ab [STAD87, STAD00, LAND03]. Durch die Makrogeometrie wird festgelegt, welche Last durch das Getriebe sicher übertragen werden kann. Die Mikrogeometrie, auch Ease-Off genannt, beeinflusst das Last- und Laufverhalten der Kegelradpaarung. Bei der Auslegung einer Kegelradpaarung werden üblicherweise der Drehfehler und das Tragbild beurteilt. Das Tragbild zeigt, in welchem Bereich die Zahnflanken Kontakt haben, und gibt damit Auskunft über die Flankenpressungen. Der Drehfehler beschreibt die Abweichungen der Drehbewegung zwischen den Verzahnungen infolge der Geometrie und damit auch das Anregungs- und Geräuschverhalten.

Die zuvor sehr kurz beschriebenen Geometriegrößen der Kegelradverzahnung müssen nach der Auslegung gefertigt werden. Dazu existiert eine Vielzahl verschiedener Spezialmaschinen mit ebenfalls besonderen Werkzeugen, wie beispielhaft rechts unten im Bild 2.1 gezeigt. Es gilt besonders zu beachten, dass jedes Fertigungsverfahren eine andere Makrogeometrie an den Kegelrädern erzeugt [MAIU07].

Aus den Ausführungen wird deutlich, dass die Zusammenhänge zwischen Auslegung und Fertigung sehr groß sind und nur in Kombination betrachtet werden können. Aus diesem Grund werden in den folgenden Kapiteln zunächst die Grundlagen der spanenden Fertigung und die Einflüsse auf die Wirtschaftlichkeit der Fertigung betrachtet. Danach wird die Geometrie der Kegelräder und deren Fertigungsprinzip knapp vorgestellt. Schließlich werden die Werkzeuge und Verfahren zur Herstellung der Kegelräder dargelegt. Abschließend wird ein kurzer Überblick über die bisher existierenden Softwaretools gegeben.

2.1 Theoretische Grundlagen von Fräsprozessen

Theoretical Background of Cutting Processes

Bei den vorliegenden Untersuchungen handelt es sich ausschließlich um die Analyse und Optimierung von Fräsprozessen. Wie bereits erläutert, werden Kegelräder vornehmlich im Automobil eingesetzt. Gerade hier müssen effiziente Fertigungsprozesse zum Einsatz kommen, da der Käufer vor allem auf das Preis-Leistungsverhältnis des Produkts achtet [NN07c]. Aus diesem Grund werden zunächst die Fräsprozesse genauer erläutert. Fräsprozesse können anhand der Werkstückqualität, der Reproduzierbarkeit und der Kosten bewertet werden [KÖNI97, S. 289-323]. Diese Zusammenhänge sind in **Bild 2.2** verdeutlicht.

Ziel der Fertigung ist es, die durch die Auslegung beschriebenen Verzahnungsgeometrien entsprechend der Vorgaben kostengünstig herzustellen. Im Allgemeinen treten dabei Abweichungen in der Geometrie auf, die durch das Werkzeug oder die Prozessparameter hervorgerufen werden [KÖNI97, S. 3-11]. Diese Abweichungen lassen sich in Gestalt- und Formabweichungen unterteilen. Die Gestaltabweichungen beschreiben die Lage der Werkstückfläche zur geforderten Position. Bei den Formabweichungen, oder auch Abweichungen 1. Ordnung, handelt es sich um Differenzen zu einer bestimmten geometrischen Grundform, wie z. B. einer Geraden oder einem Kreis. Die Ursachen für diese Abweichungen liegen vornehmlich in Montageabweichungen der Führungen der Werkzeugmaschinen, einer falschen Einspannung des Werkstücks oder in einer Durchbiegung von Werkstück oder Maschine.

Die Abweichungen 2. Ordnung bestehen in einer Welligkeit der Werkstückoberfläche. Diese werden vornehmlich durch eine außermittige Einspannung des Werkzeugs, Formfehlern des Werkzeugs oder Schwingungen der Werkzeugmaschine hervorgerufen. Des Weiteren können die Gestaltabweichungen 3. Ordnung in Form von Rillen auftreten. Diese werden durch eine abweichende Form der Werkzeugschneide oder einem fehlerhaften Vorschub oder Zustellung des Werkzeugs hervorgerufen.

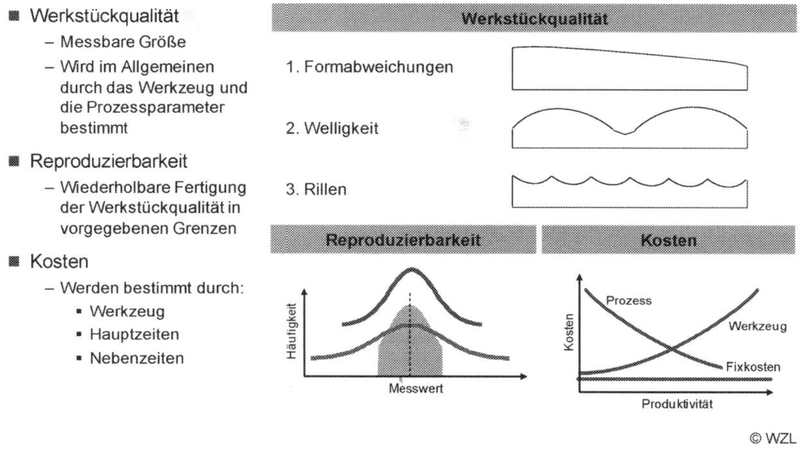

Bild 2.2: Bewertungsgrößen von Fräsprozessen
Evaluation of Cutting Processes

Diese Zusammenstellung der Gestaltabweichungen bis zur dritten Ordnung zeigt bereits, dass viele Ursachen für Abweichungen von der gewünschten Form des Werkstücks nach der Fertigung existieren. Die Ursachen dafür können im Werkstück, im Werkzeug oder in der Werkzeugmaschine liegen. So wird ersichtlich, dass es sich bei der Massenproduktion von Werkstücken guter Qualität um ein komplexes System mit vielen Einflussfaktoren handelt.

Die große Anzahl der Einflussfaktoren wirkt sich auch auf die Reproduzierbarkeit aus. Die Reproduzierbarkeit von Fertigungsprozessen beschreibt die Wiederholbarkeit der Ergebnisse unter gleichen Bedingungen. Die Reproduzierbarkeit ist somit ein Maß für die Abweichungen, die bei der wiederholten Fertigung von Bauteilen auftreten. Sind die Streuungen der Messwerte zu groß, dann gilt der Prozess als nicht stabil, und die Prozessfähigkeit sinkt, da durch zu große Abweichungen die Form- und Lagetoleranzen der Bauteile überschritten werden können [PFEI01, S. 485-558]. Ein solcher Zustand ist im Allgemeinen zu vermeiden, da fehlerhafte Werkstücke nicht korrigiert werden können, und dadurch der Ausschuss der Produktion steigt. Das erhöht wiederum die Fertigungskosten.

Ein weiterer wesentlicher Aspekt sind die Fertigungskostenkosten. Sie lassen sich wie folgt berechnen:

$$K_F = K_{ML} \cdot \left(\frac{t_r}{m} + t_n\right) + K_{ML} \cdot t_h + \frac{t_h}{T} \cdot (K_{ML} + K_{WT}) \qquad \text{(Formel 2.1)}$$

K_F Fertigungskosten je Werkstück

K_{ML} Maschinen- und Lohnkostensätze

t_r Rüstzeit

m Losgröße

t_n Nebenzeit

t_h Hauptzeit

T Werkzeugstandzeit

K_{WT} Werkzeugkosten

Daraus wird ersichtlich, dass die Kosten aus drei wesentlichen Komponenten bestehen. Das sind Fixkosten aus dem Rüst- und Nebenzeitanteil, dem Maschinen- und Lohnsatzkostenanteil sowie dem Werkzeuganteil. Die Maschinen- und Lohnkosten Kosten sind ein Fixkostenanteil, der nicht verändert werden kann. Des Weiteren wird die Produktivität durch die Hauptzeitkosten bestimmt. Diese nehmen mit zunehmender Schnittgeschwindigkeit ab, da auch die Hauptzeit dadurch reduziert wird. Als letzter Kostenpunkt sind die Werkzeugkosten zu sehen. Sie nehmen für gewöhnlich mit größer werdender Schnittgeschwindigkeit zu, da der Verschleiß an den Werkzeugen größer wird, und diese dadurch öfter ausgetauscht werden müssen. Gerade in der Kegelradfertigung nehmen die Werkzeugkosten einen wesentlichen Anteil an den Gesamtkosten ein, da die Werkzeuge und deren Aufbereitung sehr komplex und damit auch sehr teuer sind.

Daraus lässt sich ableiten, dass das Ziel bei der Auslegung von Fertigungsprozessen in einer Reduzierung der Hauptzeit und in einer Vergrößerung der Werkzeugstandzeit liegen muss, bei gleichzeitiger Einhaltung der Qualitätsanforderungen. Eine Reduzierung der Hauptzeit lässt sich nur durch eine schnellere Fertigung erzielen, was durch eine Vergrößerung der Schnittparameter (Vorschub, Spanungsdicken) erzielt wird. Dies hat aber wiederum eine größere Belastung der Werkzeugschneide zur Folge, die dadurch schneller verschleißt und somit die Werkstückqualität mindert. Der Verschleiß hängt neben den Schnittparametern auch von der Werkzeuggeometrie ab. Diese Zusammenhänge werden im Folgenden näher erläutert.

Die Geometrie und Aufbereitung der Schneidkante hat einen wesentlichen Einfluss auf den Zerspanprozess. Die Winkel an den Schneidkanten und die Ebenen, in denen diese Winkel angegeben werden, sind nach [DIN6581] standardisiert. Eine Zusammenfassung der Bestimmungsgrößen zeigt **Bild 2.3**.

In der oberen Hälfte des Bildes sind die angenommene Schnittrichtung und die angenommene Vorschubrichtung eingezeichnet. Die Schnittbewegung führt während des Zerspanvorgangs zu der eigentlichen Spanabnahme. Der Vorschub bewirkt, dass immer neues Material zerspant werden kann, und er bestimmt somit auch die Dicke des Spans.

Das Schneidteil wird durch drei wesentliche Winkel beschrieben. Das sind der Spanwinkel γ_0, der Keilwinkel β_0 und der Freiwinkel α_0. Der Spanwinkel wird zwischen der Spanfläche A_γ und der angenommenen Vorschubrichtung gemessen. Während des Zerspanvorgangs läuft der Span über die Spanfläche ab. Aus diesem Grund muss der Span entsprechend des Spanwinkels umgeformt werden. Der

Spanwinkel hat somit einen Einfluss auf die Umformarbeit, die während des Zerspanvorgangs geleistet wird. Damit hat diese Größe auch einen Einfluss auf die resultierenden Zerspankräfte und die Temperaturen im Schneidteil.

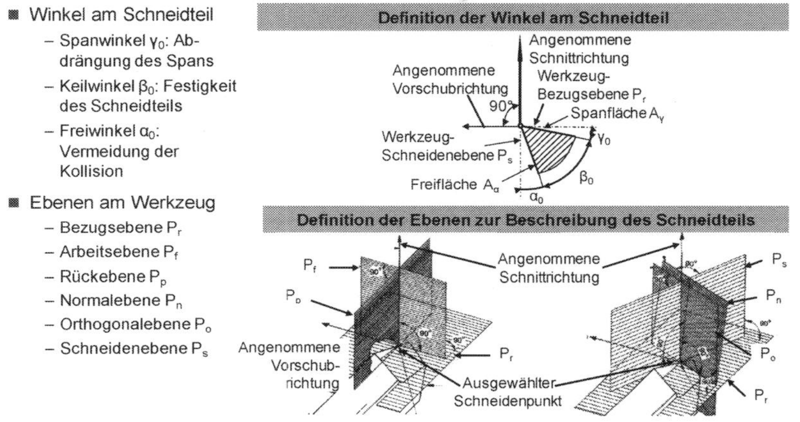

Quelle: DIN6581 © WZL

Bild 2.3: Winkel und Ebenen am Schneidteil
Angles and Planes of the cutting blade

Durch die Freifläche A_α wird die Oberfläche am Werkstück erzeugt. Sie wird durch den Freiwinkel α_0 angegeben. Der Freiwinkel wird zwischen der angenommenen Schnittrichtung und der Freifläche gemessen. Falls der Freiwinkel zu klein ist, kann es während der Bearbeitung zu einer Kollision zwischen Freifläche und Werkstückoberfläche kommen. Schließlich beschreibt der Keilwinkel β_0 den Bereich, in dem das Material des Schneidteils liegt. Der folgende Sachverhalt gilt dabei zu beachten:

$$90° = \alpha_0 + \beta_0 + \gamma_0 \qquad \text{Formel 2.2}$$

Daraus folgt, dass der Keilwinkel β_0 direkt aus dem Freiwinkel α_0 und dem Spanwinkel γ_0 resultiert. Da die Spanfläche über den Bereich des Keilwinkels gestützt wird, ist der Keilwinkel auch ein Maß für die Stabilität der Schneidkante.

Da es sich bei dem Schneidteil um ein komplexes 3 dimensionales Objekt handelt, können die genannten Winkel in verschiedenen Ebenen gemessen werden. Diese Ebenen werden durch [DIN6581] definiert und sind in der unteren Hälfte von Bild 2.3 gezeigt.

Die Ebenen am Schneidteil werden durch die angenommene Schnittrichtung und Vorschubrichtung definiert. Sie werden senkrecht zueinander angenommen, weil es sich bei der Darstellung um eine Analogie aus einem Drehprozess handelt. Mit den Richtungen dieser Geschwindigkeiten werden die Werkzeug-Bezugsebene P_r, die Werkzeug-Arbeitsebene P_f und die Werkzeug-Rückebene P_p definiert. Die Bezugsebene P_r liegt senkrecht zur angenommenen Schnittrichtung. Da die Bezugsebene zusätzlich möglichst senkrecht oder parallel zum Schaft des Schneidteils liegen muss, wird die Schnittrichtung nicht als Rotation, sondern vereinfacht als geradlinige Bewegung senkrecht zur Fläche des Schneidteils analog eines Drehprozesses angenommen.

Die Arbeitsebene P_f wird im ausgewählten Schneidenpunkt durch die angenommene Schnittrichtung und die Vorschubgeschwindigkeit aufgespannt und liegt senkrecht zur Bezugsebene P_r. Die Arbeitsebene ist damit diejenige Ebene, in welcher der angenommene Span fließt. Dieses System der Ebenen wird durch die Rückebene P_p vervollständigt, welche senkrecht zu der Bezugsebene P_r und Arbeitsebene P_f liegt.

Die genannten Ebenen sind ausschließlich von der angenommenen Vorschub- und Schnittrichtung abhängig und beziehen nicht die eigentliche Geometrie des Schneidteils ein. Aus diesem Grund ist das System um die Werkzeug-Normalebene P_n, die Werkzeug-Orthogonalebene P_o und die Werkzeug-Schneidenebene P_s erweitert worden. Die Normalebene P_n liegt senkrecht zur Schneide. Die Schneidenebene liegt im ausgewählten Schneidenpunkt tangential zur Schneide und senkrecht zur Bezugsebene P_r. Die Orthogonalebene liegt senkrecht zur Bezugsebene P_r und zur Schneidenebene P_s. Durch dieses Ebenensystem wird ebenfalls die Geometrie des Schneidteils berücksichtigt.

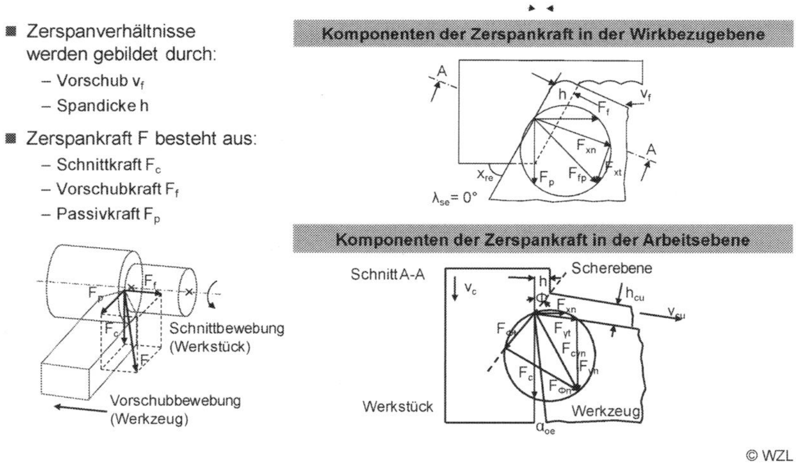

Bild 2.4: Beanspruchung des Schneidteils während des Schnittvorgangs, [KÖNI97]
Loading on the Blade during the Cutting Process

Es bleibt zu erwähnen, dass die genannten Ebenen und Winkel idealisierte Verhältnisse darstellen, da sie auf den angenommenen Vorschub- und Schnittrichtungen beruhen. Aus diesem Grund sind in [DIN6581] ebenfalls die Wirkebenen und Wirk-Winkel definiert. Die Definition dieser Ebenen und Winkel erfolgt analog, jedoch anhand der wahren Geschwindigkeiten am Schneidenpunkt. Da diese aufgrund der komplexen Zusammenhänge beim Kegelradfräsen nicht vorhergesagt werden können, existieren bis jetzt keine analytischen Berechnungsansätze, die es ermöglichen, die Wirk-Winkel am Schneidteil zu bestimmen. Auf die Wirkebenen und Wirk-Winkel wird zu einem späteren Zeitpunkt genauer eingegangen, vgl. Kapitel 4.2.4.

Als Resultat aus der Schneidengeometrie, der Schnittbewegung und der Vorschubbewegung resultiert der Zerspanvorgang. Die Belastungen an der Schneidkante erfolgen aus den Spanungsgeometrien und den Zerspankräften. Die Zusammenhänge verdeutlicht **Bild 2.4**.

In dem Bild sind vereinfacht die Zusammenhänge für eine Drehoperation dargestellt. Diese Zusammenhänge treffen prinzipiell auch für Fräsprozesse und im Besonderen für das Kegelradfräsen zu. In der oberen Hälfte des Bildes sind das Schneidteil und ein Werkstück abgebildet. Das Schneidteil wird unter der Vorschubgeschwindigkeit v_f in das Werkstückmaterial bewegt. Da es sich bei dem Bild um die Wirk-Bezugsebene handelt, steht die Schnittgeschwindigkeit senkrecht zur Bildebene. Nach einer Umdrehung des Werkstücks hat sich das Schneidteil für den nächsten Schnitt um einen Betrag resultierend aus der Vorschubgeschwindigkeit vorwärtsbewegt. Daraus lässt sich die Spandicke h berechnen. Nach der Verformung des Spans auf der Spanfläche des Schneidteils resultiert die Spanungsdicke h_{cu}. Die Spanungsdicke ist also abhängig von der Vorschubgeschwindigkeit v_f. Dies trifft ebenfalls auf das Kegelradfräsen zu. Zusätzlich gilt, dass je dicker ein Span ist, desto größer ist die Arbeit zum Zerspanen des Spanquerschnitts [KIEN52, GUTM88].

Der Zerspanvorgang selbst ist in der unteren Hälfte des Bildes in der Arbeitsebene abgebildet und wird durch Vorschub und Schnittbewegung ermöglicht. Die Umformung des Spans hat eine Belastung des Schneidteils zur Folge. Je kleiner der Spanwinkel ist, desto größer wird die Umformarbeit. Zusätzlich hat die Geometrie des Schneidteils einen Einfluss auf die Richtung der resultierenden Zerspankraft in der Zerspanstelle.

Auf die erläuterten Belastungen der Schneidkante gehen die Verschleißerscheinungen am Schneidteil zurück. Allgemein können verschiedene Arten von Verschleiß an Werkzeugen auftreten. Die Ursachen und das Erscheinungsbild sind in **Bild 2.5** zusammengefasst.

Die Versagensursachen von Werkzeugen können unterschiedliche Ausprägungen haben. Kann die Schneidkante den Belastungen nicht standhalten, kommt es zu einem Werkzeugbruch. Des Weiteren existiert Kolkverschleiß, welcher an der Spanfläche des Werkzeugs auftritt. Hervorgerufen wird er durch den Ablauf des Spans. Der Kolkverschleiß hat in der Regel die Form einer Ellipse auf der Spanfläche. Zusätzlich kann an der Freifläche des Werkzeugs Verschleiß auftreten. Diese Form des Verschleißes wird Freiflächenverschleiß genannt. Die Erscheinungsbilder von Kolk- und Freiflächenverschleiß sind in der unteren Hälfte von Bild 2.5 dargestellt.

- Versagensursachen von Werkzeugen
  - Werkzeugbruch
  - Kolkverschleiß
  - Freiflächenverschleiß
- Ursachen des Verschleißes
  - Mechanische und thermische Überbelastung
  - Mechanischer Abrieb
  - Adhäsion
  - Verzunderung
  - Diffusionsvorgänge

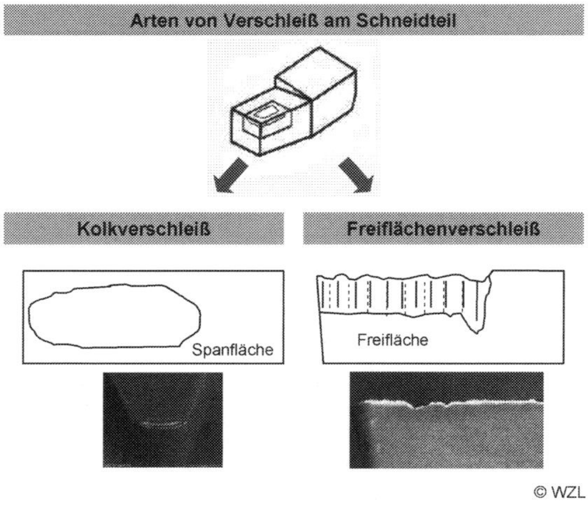

Bild 2.5: Verschleißformen und Ursachen
Shape and Cause of Wear

Die Ursachen für die unterschiedlichen Verschleißformen liegen im Zerspanvorgang. Hier kann es zu einer thermischen oder mechanischen Überbelastung des Werkzeugs kommen. Diese Überbelastungen können zu einem Werkzeugbruch führen. Da bei der Spanbildung der Span über die Spanfläche oder die neue Werkstückoberfläche an der Freifläche fließt, kann es auch zu mechanischem Abrieb kommen. Der Abrieb ist die Hauptursache für den Freiflächen- oder Kolkverschleiß. Begünstigt werden diese Verschleißformen zusätzlich durch Adhäsion, einer Verzunderung oder Diffusionsvorgänge zwischen Werkzeug und Werkstück.

In Bezug auf das Kegelradfräsen muss erwähnt werden, dass in der industriellen Praxis nahezu kein Kolkverschleiß auftritt. Eine genaue Ursache ist bis zum jetzigen Zeitpunkt nicht bekannt.

Die Hauptursache der gezeigten Verschleißformen sind die mechanischen Belastungen des Schneidteils. Aus diesem Grund ist die analytische Ermittlung von Prozesskräften an der Zerspanstelle eine weit verbreitete Methode für Fräs- und Drehprozesse. Bei der analytischen Ermittlung können mehrere Ansätze unterschieden werden. In **Bild 2.6** sind vier unterschiedliche Ansätze dargestellt, welche sich hauptsächlich durch die zugrunde liegenden mathematischen Annahmen unterscheiden [ALTI00, ALTI04].

Bei den mechanistischen Modellen wird entweder die Bildung von Scherebenen oder von Scherzonen angenommen. Es wird dabei von einer Umformung des Werkstückes ausgegangen, welche in einer Abscherung des Materials mündet. Ziel dieser Modelle ist es, anhand des Spanbildungsvorganges die Prozesskräfte zu ermitteln. In diesem Zusammenhang können das Scherebenenmodell nach Merchant [MERC45] und das „Slip-Line Field“ Modell nach Fang [FANG00] genannt werden. Aufgrund der

Komplexität der Spanbildung steht allerdings kein einfaches Modell zur Berechnung der Zerspankräfte zur Verfügung.

Lineare Zerspanmodelle sind in der Literatur bereits lange etabliert. Diese nehmen einen linearen Zusammenhang zwischen Zerspankraft und Spanungsdicke an. Erste lineare Darstellungen der Zerspankraft wurden 1872 von J. Hart gemacht [HART72]. Aber auch neuere Untersuchungen stellen einen linearen Zusammenhang zwischen der Spanungsdicke und der Kraft her [ALTI00].

- Mechanistische Modelle: Zerspankraftberechnung mittels Modellierung des Umformvorgangs
- Lineare Modelle: Linearer Zusammenhang zwischen Spanungsdicke und Zerspankraft
- Potential Modelle: Potenzieren der Spanungsdicke mit einer Konstanten
- Exponential Modelle: Spanungsdicke als Exponent

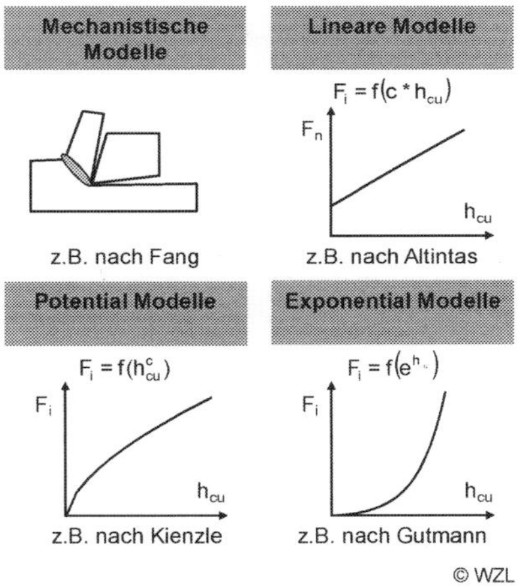

Bild 2.6: Modelle zur Berechnung von Zerspankräften
Models for Calculation of Cutting Forces

Die Potenzialfunktionen haben in der Berechnung der Prozesskräfte eine große Bedeutung erlangt. Insbesondere der Ansatz von Kienzle hat in der Praxis weite Verbreitung gefunden [KIEN52]. Zu diesem Modell existiert ist eine sehr breite Datenbasis für die spezifischen Kennwerte der Kienzle-Gleichung.

Bei den Exponentialfunktionen wird, wie auch bei Potenzialfunktionen, ein nicht linearer Zusammenhang zwischen der Schnittkraft und der Spanungsdicke vermutet. Vor allem Gutmann erzielt mit seinem exponentiellen Zerspankraftmodell eine sehr gute Übereinstimmung zwischen den Versuchen und den Berechnungen [GUTM88].

2.2 Geometrie von Kegelradverzahnungen

Bevel Gear Geometry

Die gezeigten Zusammenhänge machen deutlich, dass besonders die Geometrie der Schneidkante bei der Auslegung von Fertigungsprozessen von Bedeutung ist. So kann durch eine geeignete Wahl der Geometrie die Belastung auf die Schneidkante reduziert werden.

Die Geometrie der Schneidkante ist aber in erster Linie durch die Geometrie des zu fertigenden Kegelrades festgelegt. Aus diesem Grund sind grundlegende Bestimmungsgrößen von Kegelrädern in **Bild 2.7** gezeigt.

- Zahngeometrie
  - Mittlerer Normalmodul
  - Eingriffswinkel
  - Spiralwinkel
- Längskurve
  - Abhängig vom Fertigungsverfahren
- Achsversatz
  - Wird Hypoidverzahnung genannt
  - Keine schneiden Achsen
  - Grundkörper des Kegelrades wird zu Hyperboloid

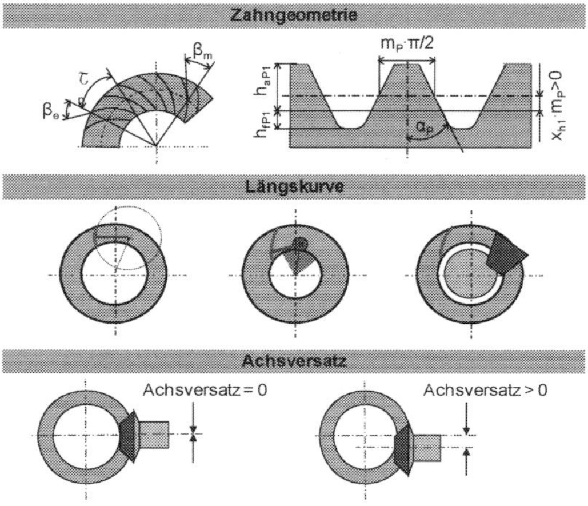

© WZL

Bild 2.7: Geometrie von Kegelradverzahnungen
Geometry of Bevel Gears

Für die Beschreibung der Geometrie einer Kegelradverzahnung können analog zu Stirnrädern bestimmte Verzahnungsdaten eingesetzt werden. Gleich dem Stirnrad beschreiben diese Größen die Geometrie der Verzahnung, wie sie vom Konstrukteur vorgesehen ist [LINK96, NIEM86]. Zu diesen Daten zählen z. B. der Modul, der Eingriffs- und der Spiralwinkel. Bei einem Kegelrad treten aber weitere Unterschiede in der Geometrie auf [NIEM86, STAD08]. Es kann vorkommen, dass der Modul über der Breite der Verzahnung variiert. Aus diesem Grund wird der mittlere Normalmodul m_{nm} angegeben. Üblicherweise wird bei der Auslegung eines Kegelrades auch kein symmetrisches Bezugsprofil gewählt. Das bedeutet, dass sich der Eingriffswinkel für die linke und rechte Flanke unterscheidet. Aus diesem Grund wird der Normaleingriffswinkel für die konkave Flanke α_{nv} und die konvexe Flanke α_{nx} angegeben.

Heutzutage sind Kegelradgetriebe mit größeren Drehzahlen bogenverzahnt. Das bedeutet, dass in Breitenrichtung der Verzahnung die Flanke keine geradlinige, sondern eine gebogene Form aufweist. Zur Beschreibung der Kontur wird wie beim Normalmodul der mittlere Spiralwinkel β_m angegeben. Bei gleichem mittlerem Spiralwinkel kann beispielsweise die Längskontur unterschiedlicher Kegelräder unterschiedlich ausgeprägt sein. Diese hängt vom gewählten Fertigungsverfahren und der Werkzeuggeometrie ab. Je nach Fertigungsverfahren kann eine kreisbogenförmige, eine epizykloidische oder eine evolventische Längsform gefertigt werden. Eine weitere Erklärung gibt Kapitel 2.3. Da die Geometrie makroskopisch unterschiedlich ist, werden auch andere Zerspanbedingungen erzielt. So ist leicht einzusehen, dass bei den Kreisbogenverzahnungen die Länge in Längsrichtung tendenziell am kleinsten ist, und deshalb bei diesen Verzahnungen auch tendenziell kürzere Späne generiert werden. Zusätzlich ist die Krümmung der Zahnflanke bei der Kreisbogenverzahnung konstant, wohingegen sie sich bei den anderen Typen in Breitenrichtung ändert. Das führt ebenfalls zu unterschiedlichen Zerspanbedingungen in Breitenrichtung der Verzahnung.

Die geschilderte komplexe Geometrie von Kegelradverzahnungen erfordert spezielle Fertigungsprozesse. Im Allgemeinen kommen bei der Vorbearbeitung Werkzeuge mit geometrisch definierter Schneide zum Einsatz.

Um die Funktion von Kegelradgetrieben zu gewährleisten, wird bei den Herstellprozessen das Prinzip des virtuellen Erzeugungsplanrades angewandt. Dabei wird das zu fertigende Kegelrad virtuell mit einem Erzeugerrad abgewälzt. In **Bild 2.8** ist dieses Prinzip dargestellt. [STAD00]

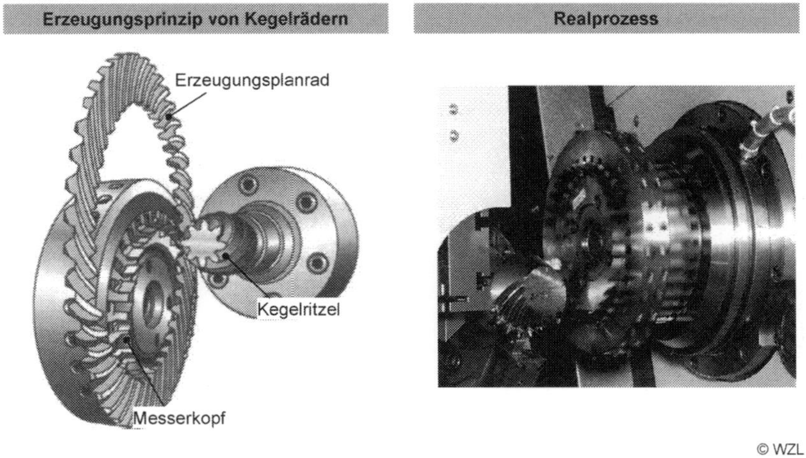

Bild 2.8: Erzeugungsprinzip beim Kegelradfräsen
Generation Principle of Bevel Gears

Das Gegenstück zum virtuellen Erzeugungsplanrad entspricht bei der Herstellung von Zylinderrädern dem Abwälzen der Zahnstange mit dem Bezugsprofil. Beim Kegelradfräsen bilden die Stabmesser des Messerkopfes die Zähne des virtuellen im Eingriff befindlichen Erzeugerrades.

Um Material zu zerspanen, wird der Rohling des Kegelrades in Richtung des virtuellen Erzeugungsplanrades zugestellt. Eine korrekte Erzeugung der Zahnflankenform erfordert jedoch ein Abrollen des Kegelrades und des virtuellen Erzeugerrades. Diese Abrollbewegung des Erzeugungsplanrades wird durch Bewegungen des Messerkopfs nachgebildet. Daher muss eine relative Positionierung des Messerkopfes zum

Kegelrad im realen Prozess in allen sechs Freiheitsgraden möglich sein. Ein Beispiel für die reale Fertigung eines Kegelrades ist in der rechten Hälfte von Bild 2.8 zu erkennen.

2.3 Werkzeuge zur Herstellung von Kegelradverzahnungen

Manufacturing Tools for Bevel Gears

Die zuvor erläuterten Verfahren erzeugen ein Kegelrad nach dem Prinzip des Erzeugungsplanrades. Um das Planrad während eines Bearbeitungsprozesses abbilden zu können, ist bei den verschiedenen Verfahren eine spezielle Kinematik erforderlich. Diese Bewegungen hängen von dem Werkzeug und dem zu fertigenden Werkstück ab.

Bei den verschiedenen Verfahren können sehr unterschiedliche Werkzeuge zum Einsatz kommen. Mögliche Werkzeugformen sind in **Bild 2.9** abgebildet. Daraus wird ersichtlich, dass aufgrund der unterschiedlichen Werkzeuggeometrie bei den einzelnen Verfahren eine sehr unterschiedliche Kinematik zum Einsatz kommt.

Palloid:
Verfahren: Palloid-Fräsen
Werkzeug: Kegeliger Wälzfräser
Geometrie: Kegeliger Grundkörper

Zyklo-Palloid:
Verfahren: Zyklo-Palloid-Fräsen
Werkzeug: Zweiteiliger Messerkopf
Geometrie: zweiteiliger Wälzfräser unterschiedliche Flugkreisradien für Innen- und Außenmesser

Stabmesser:
Verfahren: Tri-Ac, Spiron, Spirac, Spiroflex, Face Milling, Arcon
Werkzeug: Stabmesser
Geometrie: Stabmesser verspannt in Messerkopf Stabmesser werden an den Freiflächen oder an den Freiflächen und den Spanflächen nachgeschliffen

© WZL

Bild 2.9: Werkzeugsysteme im Überblick
Overview of Tool Systems

Ein wesentliches Merkmal des Palloid-Fräsers ist die kegelige Grundform des Werkzeugs. Die Schneiden des Fräsers sind spiralförmig am Umfang des Fräsers angeordnet, analog zu einem Wälzfräser zur Herstellung von Zylinderrädern. In der Regel besitzt ein Palloid-Fräser nur einen Gang [KRUM67].

Das Zyklo-Palloid-Fräsen von Kegelrädern wird in der Regel mit einem zweiteiligen Messerkopf ausgeführt. Die beiden Teile des Messerkopfes drehen sich um exzentrisch zueinander angeordnete Drehachsen. Dadurch ergeben sich für die Innen- und Außenmesser unterschiedliche Flugkreisradien, wodurch die konkave und die konvexe Flanke der Verzahnung mit voneinander abweichenden Balligkeiten gefertigt werden können. Die Messer werden bei diesem System am äußeren Umfang der Messerköpfe montiert. Dabei können neben Innen- und Außenmesser auch Mittenschneider eingesetzt werden [KLIN08].

Bei vielen Verfahren werden Messerköpfe mit Stabmessern eingesetzt. Die einzelnen Stabmesser werden in Taschen am Umfang der Messerköpfe eingespannt. Durch die auswechselbaren Stabmesser besteht eine größere Flexibilität bezüglich der zu fertigenden Verzahnung. Der Neigungswinkel der Spanfläche wird in diesem Fall durch den Messerkopf vorgegeben. Das Schleifen der Spanfläche ermöglicht es, den Neigungswinkel des Stabmessers zu variieren. Der Neigungswinkel beschreibt die Neigung der Spanfläche zur Achse des Werkzeugs und hat ebenfalls einen Einfluss auf die Spanbildung. Durch die Bearbeitung der Spanfläche kann zudem der Spanwinkel an der Messerschneide an den Bearbeitungsfall angepasst werden. Es gibt auch Aufbereitungsstrategien von Stabmessern, bei denen die Spanfläche nicht bearbeitet wird. In diesem Fall werden nur die Freiflächen der Stabmesser nachgeschliffen. Dadurch wird die Aufbereitungszeit der einzelnen Stabmesser reduziert und die Beschichtung der Stabmesser auf der Spanfläche nicht entfernt. Beim Nachschleifen der Stabmesser an der Freifläche können die Freiwinkel dem Bearbeitungsfall angepasst werden. Es werden in der Praxis verschiedene Arten der Freiflächen geschliffen, dabei können die Freiflächen mit über der Höhe veränderlichen Winkeln oder facettenartig gefertigt werden [MLLR04].

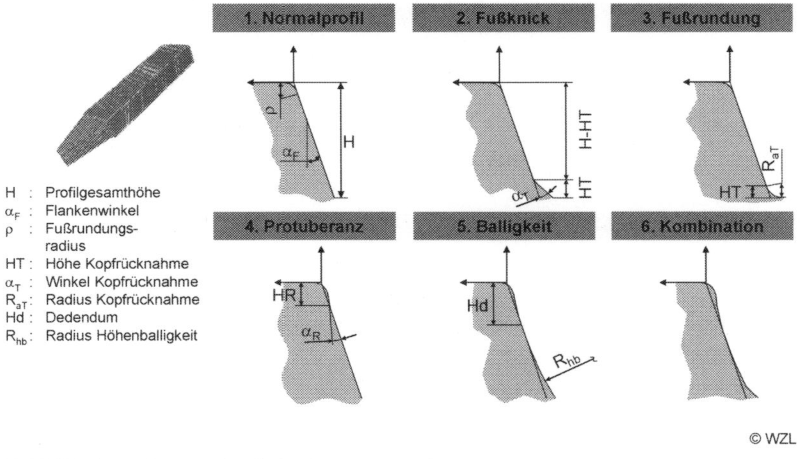

Bild 2.10: Grundformen der Schneidengeometrie
Basic Shapes of Cutting Blades

Einen wesentlichen Einfluss auf den Bearbeitungsprozess hat die Werkzeugschneide. Sie bestimmt die Form der erzeugten Zahnlücke für das gewählte Verfahren. Die in der Praxis eingesetzten Geometrien der Messerschneiden können sich aus diversen Grundprofilen zusammensetzen, die dem Normalprofil überlagert wird, vgl. **Bild 2.10**. Im Bild sind einige Grundformen der Schneidengeometrie dargestellt.

Das Normalprofil für ein Stabmesser besteht aus einer geradlinigen Schneide. Diese geradlinige Schneide generiert die entsprechende Flanke am Zahnrad. Der Übergang zum Kopf am Stabmesser ist durch einen definierten Radius bestimmt.

Darüber hinaus kann das Normalprofil im Fuß modifiziert werden. Beim Fußknick wird an der Schneide eine lineare Rücknahme eingesetzt. Diese Rücknahme bewirkt ein Freischneiden des Zahnkopfes, sodass die tragende Länge des Zahnes am Zahnkopf reduziert wird. Es kann auch eine Fußrundung eingesetzt werden. Eine Fußrundung an der Schneide bewirkt ebenfalls wie ein Fußknick einen Freischnitt am Zahnkopf des Werkstücks, jedoch tritt hier ein kontinuierlicher Übergang auf.

Das Schneidenprofil kann auch durch eine Protuberanz am Kopf der Schneide modifiziert werden. Durch diese Modifikation wird ein Freischnitt des Zahnfußes erreicht, um eine Kollision beim Abwälzen eines Kegelradpaares zu vermeiden.

Schließlich kann das Profil der Schneide selbst modifiziert werden. Im Allgemeinen wird dabei eine parabelförmige Modifikation auf die Schneide gebracht. Dies führt zu einer Balligkeit in Höhenrichtung der Zahnflanke. Dadurch wird das Laufverhalten der Verzahnung unter Last positiv beeinflusst. Die zuvor genannten Modifikationsmöglichkeiten treten überwiegend in Kombination auf. Eine Modifikation der Schneidengeometrie bestehend aus einer Balligkeit, einer Protuberanz und einem Fußknick ist exemplarisch in Bild 2.10 unten rechts dargestellt.

Bei der Geometrie der Schneidkante gilt es zu berücksichtigen, dass das Profil eines Kegelrades asymmetrisch ist (vgl. Seite 14). Aus diesem Grund müssen auch die Flanken der Stabmesser eine unterschiedliche Geometrie aufweisen. Das führt wiederum dazu, dass sich im Allgemeinen unterschiedliche Zerspanbedingungen zwischen der konkaven und der konvexen Flanke ausbilden. Weiterhin gilt es zu berücksichtigen, dass beim Kegelradfräsen die Spanwinkel nicht frei gewählt werden können, da die Schneidkante im Allgemeinen an mindestens zwei Schneiden (Flanke und Kopf) Material zerspant, vgl. Bild 2.3. Das führt wiederum dazu, dass die Zerspanbedingungen nicht frei eingestellt werden können, wie z. B. bei einem Drehprozess. Aus diesem Grund sind erste Ansätze entwickelt worden, die Zerspanbedingungen während eines Kegelradfräsprozesses zu verbessern, [KLEI07, S. 87-102]

2.4 Verfahren zum Kegelradfräsen

Manufacturing Methods for Cutting Bevel Gears

Die zuvor genannten Werkzeuge und Schneidkantenprofile dienen dazu, die gewünschte Kegelradgeometrie herzustellen. Dafür werden spezielle Fertigungsprozesse benötigt, welche das Prinzip des Erzeugungsplanrades abbilden können, vgl. Bild 2.8. Aus diesem Grund existieren heutzutage für das Fräsen von Kegelrädern eine Vielzahl unterschiedlicher Verfahren.

Bei den heute üblichen Fertigungsverfahren wird das Werkzeug entsprechend dem Erzeugungsplanrad relativ zum Kegelrad positioniert. Dieses Prinzip des virtuellen Erzeugungsplanrades kam in den klassischen Wälztrommelmaschinen zum Einsatz. Eine solche Maschine ist in **Bild 2.11** abgebildet. Diese Maschinen besitzen bis zu 10 Achsen, welche bewegt oder fest eingestellt werden können. Moderne Maschinen realisieren dieses Konzept durch 6 voll NC gesteuerte Achsen [WECK05, S: 341-347]. Damit kann jede Bewegung nachgebildet werden.

- Das Kegelrad wälzt mit dem virtuellen Erzeugungsplanrad ab
- Das virtuelle Erzeugungsplanrad dreht sich um seine eigene Achse (Wälztrommel, Achse 4)
- Durch Einstellen des Messerkopfes wird das Werkzeug positioniert (Achsen 1 - 3)
- Resultierende Zerspanbedingungen am Stabmesser sind schwer vorherzusagen

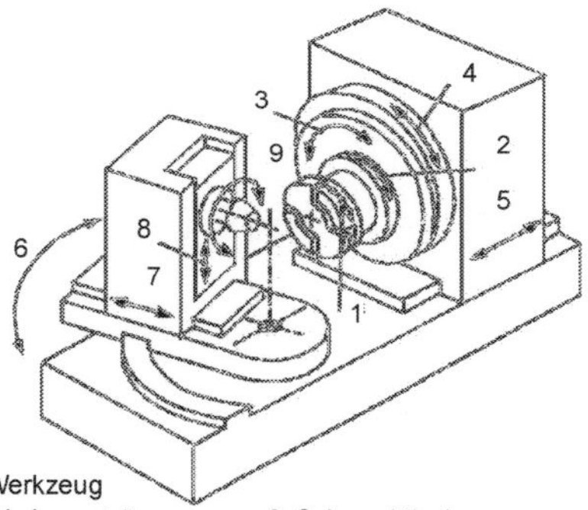

1 Werkzeug
2 Werkzeugträger
3 Exzentertrommel
4 Wälztrommel
5 Wälzstock
6 Schwenktisch
7 Werkstückverschiebung
8 Werkstückverschiebung
9 Werkstück

© WZL

Bild 2.11: Konventionelle Kegelradfräsmaschine
Conventional Bevel Gear Cutting Machine

Bei dem gezeigten Maschinenkonzept ist die Rotationsachse des virtuellen Erzeugungsplanrades gleich der Achse der Wälztrommel. Das bedeutet, dass ein Wälzen des Planrades durch ein Drehen der Wälztrommel (Achse 4) realisiert werden kann [STAD87, STAD00]. Damit aber die richtige Geometrie erzeugt werden kann, müssen Werkzeug und Werkstück korrekt zu diesem Planrad positioniert werden.

Die Positionierung des Werkzeugs geschieht anhand der Achsen 1 bis 3. Zum Beispiel kann über den Exzenter (Achse 3) der Radius des Planrades eingestellt werden. Genauso muss das Werkstück relativ zum virtuellen Erzeugungsplanrad positioniert werden. Dies geschieht über die Achsen 5 bis 9. Anhand dieses Maschinenaufbaus wird deutlich, dass die korrekte Positionierung von Werkzeug und Werkstück zueinander für alle Kegelräder realisiert werden kann. Jedoch ergeben sich durch diese Zusammenhänge sehr komplexe Bewegungen zwischen der Schneidkante und dem Werkstück. Aus diesem Grund können die Zerspanbedingungen nur schwer abgeschätzt werden. Es existiert keine allgemein bekannte analytische Formel zur Berechnung der Spanungsdicken, wie es sie z. B. für das Wälzfräsen von Stirnrädern gibt [HOFF70]. Zusätzlich wird aus diesen Zusammenhängen klar, dass ein Kegelrad mit dem gleichen Werkzeug aber einer anderen Bewegung gefertigt werden kann. Es ist vorstellbar, die Fertigung an unterschiedlichen Positionen des virtuellen Erzeugungsplanrades durchzuführen. Das führt dazu, dass das Werkzeug beispielhaft in anderen Quadranten am Umfang des Planrades positioniert wird. Das führt dann letztendlich zu unterschiedlichen Zerspanbedingungen während des Fertigungsprozesses.

Das geschilderte Prinzip zur Fertigung von Kegelrädern lässt sich in verschiedenen Prozessen realisieren. Diese unterschiedlichen Verfahren können in einzelteilende und kontinuierlich teilende Verfahren unterteilt werden, die **Bild 2.12** gegenübergestellt sind.

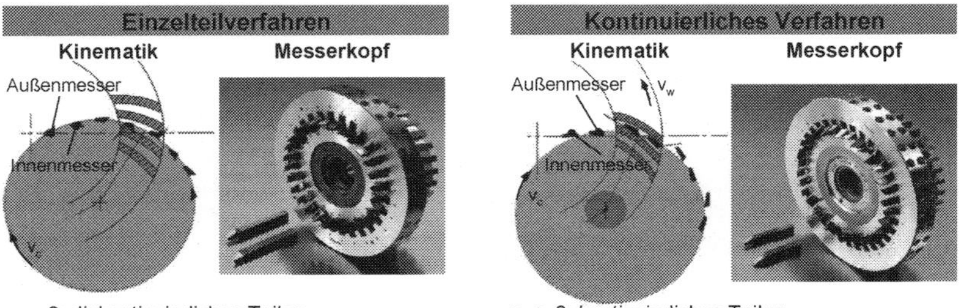

Einzelteilverfahren		Kontinuierliches Verfahren	
$v_w = 0$; diskontinuierliches Teilen		$v_w > 0$; kontinuierliches Teilen	
Vorteile:	- einfache Kinematik - Räder sind schleifbar	Vorteile:	- höhere Produktivität durch kontinuierliche Bearbeitung - unempfindlicher gegen Verlagerung im Einsatz
Nachteil:	- hohe Nebenzeiten für Rückhub und Weiterteilen	Nachteile:	- komplexe Kinematik - Räder können nur geläppt oder HPG(-S)-verzahnt werden

Bild 2.12: Vergleich kontinuierlicher und diskontinuierlicher Verfahren
Comparison of Continuous and Discontinuous Manufacturing Methods

Beim Einzelteilverfahren liegen alle Stabmesser des Messerkopfes auf einem Kreis am Umfang des Messerkopfes. In einem Bearbeitungsprozess werden die Zahnlücken einzeln und nacheinander gefräst, was im Vergleich zum kontinuierlichen Verfahren eine einfachere Bewegung möglich macht. Aufgrund der kinematischen Zusammenhänge weist die Zahnlücke eine kreisbogenförmige Gestalt auf. Daher ist es möglich, kreisbogenverzahnte Kegelräder im Anschluss an die Wärmebehandlung zu schleifen. Ein Nachteil dieses Verfahrens besteht in den größeren Nebenzeiten, da im Prozess sowohl eine Rückhub- als auch eine Teilbewegung ausgeführt werden muss.

Der Aufbau der Werkzeuge für das kontinuierliche Verfahren unterscheidet sich von dem zuvor genannten Aufbau beim Einzelteilverfahren deutlich. Bei diesem Verfahren werden die Messer zu Messergruppen in verschiedenen Gängen des Werkzeugs zusammengefasst. Jede dieser Messergruppen schneidet eine Zahnlücke, bevor die folgende Messergruppe durch den kontinuierlichen Teilprozess Material in der nächsten Zahnlücke zerspant. Durch diese kontinuierliche Teilbewegung hat der Prozess im Vergleich zum einzelteilenden Verfahren eine höhere Produktivität. Bei der Fertigung entsteht aufgrund dieser Kinematik eine Epizykloide als Zahnlängsform und die Messergruppen sind nicht wie beim diskontinuierlichen Prozess auf einer Kreisbahn um den Mittelpunkt des Messerkopfes angebracht. Die Form der Epizykloiden hängt dabei von der Anzahl der Messergruppen, dem Flugkreisradius r_{fl}, auf dem die Messergruppen sich bewegen, und dem Grundkreisdurchmesser d_b, auf dem der Messerkopf abwälzt, ab [BRON99]. Im Allgemeinen wird durch die Epizykloidenform eine größere Unempfindlichkeit gegen Verlagerungen im Betriebszustand erreicht, da die günstige Evolventenform durch Epizykloiden angenähert werden kann. Bedingt durch diese Zahnform werden die Räder üblicherweise nach der Wärmebehandlung nicht geschliffen, sondern geläppt oder HPG(-S) verzahnt. Bei diesem Verfahren handelt es sich um die Analogie eines Hartschälverfahrens beim Kegelradfräsen.

Zusätzlich wird bei Kegelradfräsprozessen zwischen wälzenden und tauchenden Verfahren unterschieden. Da wegen der bogenförmigen Längsform der Zahnlücken die Überdeckung groß werden kann, ist ebenso die Wälzstrecke, die das Werkzeug im Bearbeitungsprozess zurücklegen muss, groß. Das führt wiederum zu großen Bearbeitungszeiten, die aber in der Massenfertigung vermieden werden sollten. Aus diesem Grund wird bei den Tellerrädern meist der einfachere und schnellere Tauchprozess durchgeführt. Den Vergleich zwischen den wälzenden und tauchenden Prozessen zeigt **Bild 2.13**.

- Tauchprozess
  - Geradliniger Vorschub in Richtung des Ritzels
  - Flankenform entspricht der Geometrie des Stabmessers
  - Dadurch entsteht ein geradliniges Profil der Zahnflanken
- Wälzprozess:
  - Rotation des Messerkopfes um die Wälzachse
  - Flankenform entsteht aus der Einhüllenden des Wälzvorschubes unterschiedlicher Schnitte

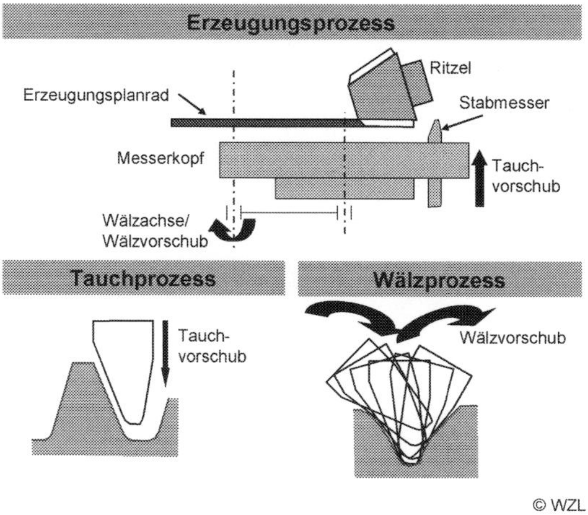

Bild 2.13: Vergleich tauchender und wälzender Verfahren
Comparison of Plunge and Rolling Manufacturing Methods

Der Tauchprozess weist im Vergleich zum Wälzen eine einfachere Bewegung auf. Hier wird das Werkzeug radial in Richtung des Werkstücks zugestellt. Dadurch werden als Folge am Werkstück geradlinige Flanken gefertigt. Diese geraden Flanken entsprechen der Kontur des Werkzeugs. Im Gegensatz dazu wird bei einem wälzenden Prozess eine Zahnflanke durch die Einhüllende vieler Schnitte (Hüllschnitte) erzeugt. Die wälzende Bewegung wird durch die Rotation des Werkzeugs um die Achse der Wälztrommel realisiert. Da in der industriellen Praxis meist das Tellerrad durch einen tauchenden Prozess und nur das Kegelritzel durch einen wälzenden Prozess gefertigt wird, müssen die auftretenden Geometrieabweichungen am Tellerrad durch zusätzliche Bewegungen am Kegelritzel ausgeglichen werden, um eine Wälzfähigkeit zu gewährleisten, [KLIN08, S. 319]. Da in modernen Maschinen alle Achsen NC – gesteuert sind, können diese zusätzlichen Bewegungen während der Bearbeitung des Ritzels aufgebracht werden.

Aus den zuvor erläuterten Basismethoden der Kegelradherstellung sind eine Vielzahl von Verfahren entstanden. Das **Bild 2.14** stellt einige einzelteilende und kontinuierliche Verfahren gegenüber [WIEN99]. In der Praxis kommen diese Verfahren wälzend oder formend zum Einsatz.

Kegelradvorverzahnen mit geometrisch bestimmter Schneide			
Einzelteilverfahren		Kontinuierliches Verfahren	
wälzend	formend	wälzend	formend
Completing: • konischer Zahn • Ritzel mit Fräskopfneigung **Arcon:** • konischer Zahn • Ritzel mit Fräskopfneigung	**Formate:** • konischer Zahn • Ritzel und Rad mit Fräskopfneigung **Arcon:** • konischer Zahn • Ritzel und Rad mit Fräskopfneigung	**Palloid:** • paralleler Zahn • Rad und Ritzel werden gewälzt **Zyklo-Palloid:** • paralleler Zahn • Rad und Ritzel werden gewälzt **Tri-Ac:** • paralleler Zahn • Ritzel wird gewälzt **Spiron:** • paralleler Zahn • Ritzel wird gewälzt **Spiroflex:** • paralleler Zahn • Rad und Ritzel werden gewälzt	**Tri-Ac:** • paralleler Zahn • Rad wird getaucht **Spiron:** • paralleler Zahn • Rad wird getaucht **Spirac:** • paralleler Zahn • Rad wird getaucht Ritzel wird gewälzt

© WZL

Bild 2.14: Verfahren zur Herstellung von Kegelrädern mit definierter Schneide
Methods for Cutting Bevel Gears

Die wälzenden Verfahren erzeugen theoretisch die exakte Zahnflankenform, wohingegen die formenden Verfahren die Flanke nur annähern. Die Zahnhöhe ist bei den kontinuierlichen Verfahren konstant über der Zahnbreite, während die Werkzeuge der Einzelteilverfahren eine konische Zahnform erzeugen.

Bei den kontinuierlich arbeitenden Verfahren existieren eine Vielzahl von unterschiedlichen Varianten, die sowohl formend als auch wälzend eingesetzt werden können. Eine Ausnahme ist hier das Palloid-Fräsen, das ausschließlich im Wälzprozess Verwendung findet. Dieses Verfahren weist kinematische Ähnlichkeiten zum Wälzfräsen von Zylinderrädern mit tangentialem Vorschub auf. Der meist kegelförmige Fräser wird bei der Fertigung auf einer kreisbogenförmigen Bahn um die Kegelspitze des Radkörpers geführt [KRUM67]. In der Praxis werden meist konische Fräser eingesetzt, bei denen der Fräser das Erzeugungsplanrad abbildet, vgl. dazu Kapitel 2.3. Durch die Kinematik werden Verzahnungen mit einer evolventischen Zahnform in Längsrichtung und konstanter Zahnhöhe erzeugt. Diese beiden charakteristischen Merkmale der Palloidverzahnungen rufen eine große Unempfindlichkeit gegenüber Verlagerungen des Kegelradgetriebes unter Last hervor.

Das Zyklo-Palloid-Verfahren kommt ebenso wie das Palloid-Verfahren für Rad und Ritzel zum Einsatz, wobei dieses Verfahren nur wälzend arbeitet. Ebenso wie beim Fräsen einer Verzahnung nach dem Palloid-Verfahren werden Zähne konstanter Höhe erzeugt, und somit eine Verbesserung des Verlagerungsverhaltens erzielt. Die am Messerkopf befestigten Stabmesser bewegen sich während des Prozesses auf einer epizykloidischen Bahn. Dazu ist das Werkzeug häufig aus zwei Teilen aufgebaut, wobei sich die einzelnen Teile um exzentrisch zueinander angeordnete Drehachsen bewegen. Eine nähere Beschreibung des Aufbaus eines Zyklo-Palloid-Fräsers ist in Kapitel 2.3 gegeben. Durch diese Konstruktion bewegen sich die Messer für Innen- und Außenschneide auf unterschiedlichen Flugkreisradien, wodurch verschiedene Balligkeiten der konkaven und konvexen Flanke erzeugt werden können.

Bei allen weiteren in Bild 2.14 aufgeführten Verfahren handelt es sich um Messerkopfverfahren, bei denen Stabmesser als Schneiden eingesetzt werden. Bis auf die zweiteilige Messerkopfkonstruktion des Zyklo-Palloid-Verfahrens, handelt sich um einteilige Werkzeuge. Sie besitzen üblicherweise eine große Gangzahl. Durch die Anordnung der Messer bewegen sich Schneiden, ebenso wie beim Zyklo-Palloid-Fräsen, auf einer epizykloidischen Bahn. Bei der Bearbeitung mit einem Verfahren, das einen Messerkopf als Werkzeug einsetzt, werden die Tellerräder meist tauchend hergestellt, wohingegen die Ritzel gewälzt werden. Das Tauchen ohne Abwälzbewegung vereinfacht die Kinematik im Prozess. Es besteht jedoch auch die Möglichkeit, Räder wälzend herzustellen. Die aufgelisteten kontinuierlichen Verfahren erzeugen während der Bearbeitung ebenso wie die zuvor genannten Palloid- und Zyklo-Palloid-Verfahren eine konstante Zahnhöhe.

2.5 Software zur Simulation von Kegelrädern und Verzahnprozessen

Simulation Software for Bevel Gears and Manufacturing Processes

Da die Fertigungsprozesse für Kegelräder nahezu beliebige Modifikationen der Zahnflankentopografie erlauben, liegt ein Hauptaugenmerk bei der Auslegung von Kegelradpaaren auf der Berechnung der für den Anwendungsfall notwendigen Modifikationen.

Die Maschinenhersteller stellen Softwarelösungen zur Verfügung, mit denen eine Verzahnung nach verschiedenen Kriterien ausgelegt werden kann. Im Anschluss an die Auslegung der Verzahnung können die notwendigen Maschineneinstellparameter für die Fertigung der Verzahnung automatisch generiert werden. In **Bild 2.15** sind beispielhaft zwei Berechnungsprogramme dargestellt, [MIKO04, GAIS04].

- Entwicklung neuer Radsätze
- Radsatz-Optimierung
- Dimensionierungsberechnung
- Werkzeugdaten
- Reverse Engineering
- Datenbank-Management
- Klingelnberg-Oerlikon Syst.
- Gleason Systeme

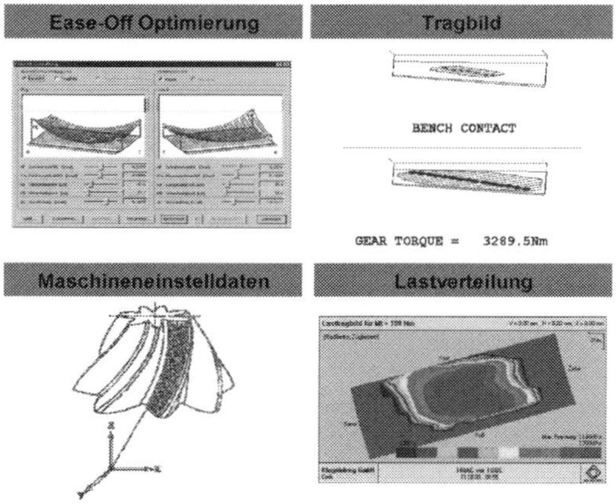

Quelle: Gleason, Klingelnberg © WZL

Bild 2.15: Programme zur Berechnung von Kegelrädern [MIKO04, GAIS04]
Software for Calculating Bevel Gears

Zum Umfang dieser Programme gehört die vollständige Auslegung von Kegelradgetrieben. Dazu zählt in erster Linie die Dimensionierung und die Festlegung der übrigen Verzahnungsparameter, wie zum Beispiel der Zähnezahl, des Moduls oder verschiedener Durchmesser. Grundlage dieser Berechnungen bilden Normenwerke.

In einem weiteren Schritt können die Topografien dem jeweiligen Anwendungsfall angepasst werden. Um das zu erreichen, können die Tragbilder und die Lastverteilung der Kegelradpaarung automatisch berechnet und mithilfe des Ease-Offs verändert werden [MLLR00, STAD93]. Des Weiteren ist es möglich, die Topografie der Verzahnung so auszulegen, dass Drehfehlerabweichungen gezielt so beeinflusst werden, dass das Geräuschverhalten des Kegelradsatzes optimiert wird.

Sind die Verzahnungen ausgelegt, können die Herstellverfahren gewählt werden, mit denen die Verzahnungen gefertigt werden sollen. Daraus ergibt sich wiederum die Werkzeuggeometrie. Im Anschluss daran werden die Maschineneinstelldaten generiert, mit denen die gewünschte Modifikation gefertigt werden kann. Diese Daten können dann an eine Werkzeugmaschine übertragen werden, um so einen Prototypen zu fertigen. Nach der Fertigung kann das Tragbild der real gefertigten Verzahnung mit dem aus der Auslegung der Kegelradpaarung verglichen, und mithilfe dieser Software eine Anpassung der Maschineneinstelldaten vorgenommen werden.

Die vorgestellten Softwarelösungen umfassen im Wesentlichen die Auslegung der Kegelradpaare für einen bestimmten Anwendungsfall. Es ist möglich, die Maschineneinstelldaten zu generieren und über einen iterativen Prozess das Tragbild des real gefertigten Kegelradpaares an das theoretisch Ausgelegte anzupassen. Am WZL wurde eine Software entwickelt, welche die real gefertigte Zahnlückentopografie berechnen kann. **Bild 2.16** zeigt Eigenschaften und Ergebnisse dieses Programms [WECK00].

- Berechnung der Geometrie von Kegelradverzahnungen
- Auswirkungen beliebiger Werkzeuge und Korrekturbewegungen
- Berechnung der realen, abweichungsbehafteten Fertigungsgeometrie

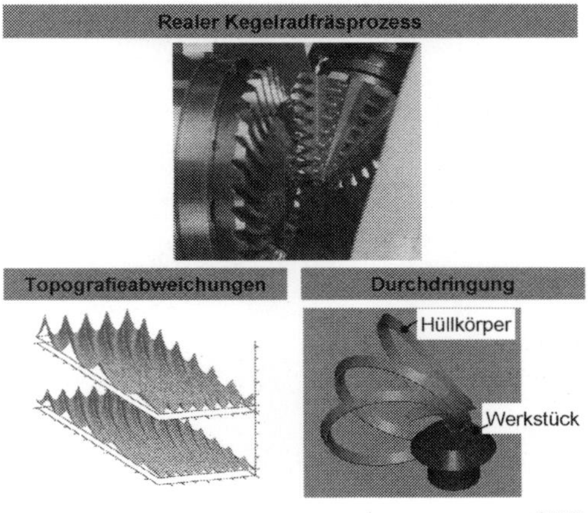

Bild 2.16: Simulation der Kegelradfertigung mit dem Softwareprogramm „Kerberos“
Simulation of Bevel Gears Manufacturing with the Software „Kerberos“

Mithilfe dieses Berechnungsprogramms kann die exakte Zahnflankenform für verschiedene Fertigungsprozesse berechnet werden. Aufgrund unterschiedlicher Maschineneinstelldaten im Fertigungsprozess ergeben sich auch verschiedene Zahnflankentopografien, die einen Einfluss auf das Last- und Geräuschverhalten haben. Zu diesen Einflüssen zählen neben den Modifikationen, wie zum Beispiel dem Ease-Off, auch Hüllschnittabweichungen auf der Zahnflanke.

Um den realen Fertigungsprozess richtig abbilden zu können, muss zunächst die zugrunde liegende Kinematik berücksichtigt werden. Des Weiteren muss die Geometrie der Schneidkante bei der Simulation des Fertigungsprozesses abgebildet werden. So ist es mit dieser Software möglich, die Auswirkungen der Kinematik und der Werkzeuggeometrie auf die resultierende Zahnflankentopografie zu ermitteln.

Bei der Simulation wird für einen Prozessschritt die Hüllfläche der Werkzeugschneide basierend auf der dem Prozess zugrunde liegenden Kinematik berechnet. Im Anschluss werden die Durchdringungsbereiche zwischen dieser Hüllfläche und der Werkstückkontur in der Zahnlücke gesucht. In den sich durchdringenden Bereichen wird die Kontur des Werkstücks zurückgesetzt, bevor der nächste Schnitt berechnet wird. Die Summe aller Schnitte erzeugt die reale aus dem Prozess resultierende Zahnflankentopografie, sodass die Hüllschnittabweichungen simuliert werden können.

Diese Ausführungen machen deutlich, dass zur Untersuchung der Ergebnisse des Fertigungsprozesses das Programmsystem KERBEROS die real erzeugten Zahnflankentopografien nach der Fertigung berechnen kann, da hier der Fertigungsprozess nachgebildet wird. Eine Auslegung des Fertigungsprozesses ist mit diesem Softwaretool nicht möglich. Die im Prozess tatsächlich auftretenden Zerspanbedingungen werden bis jetzt für das Kegelradfräsen nur annähernd berechnet. Beim Wälzfräsen von Stirnradverzahnungen liefert die Berechnung von Spanbildungskenngrößen jedoch wichtige Informationen zur Auslegung der Fertigungsprozesse, **Bild 2.17**.

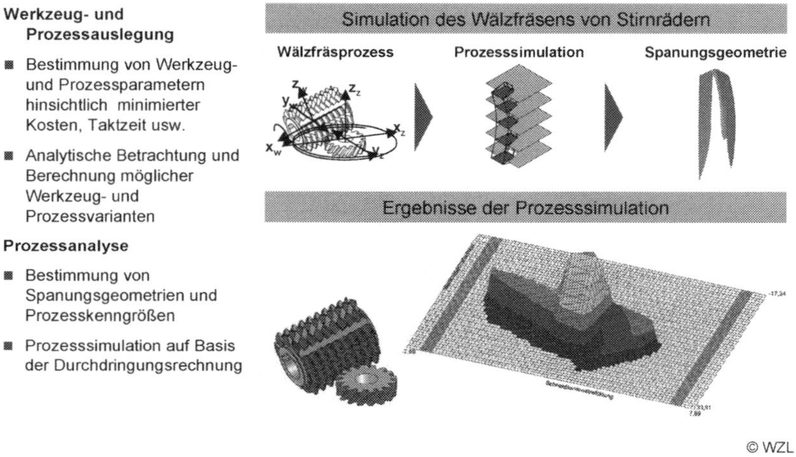

Bild 2.17: Prozessanalyse mit SPARTApro 2.5, [KLOC06]
Analysis of the Manufacturing Process with SPARTApro 2.5

Mit der Software SPARTApro [KLOC06] ist es möglich, eine Werkzeug- und Prozessauslegung durchzuführen. Dafür wird in einer Simulation der Wälzfräsprozess realitätsnah abgebildet und auf Basis der Durchdringungsrechnung die Spanungsgeometrie berechnet. Die Spanungsgeometrie kann dann zur Berechnung der Prozesskenngrößen herangezogen werden. Die berechneten Kenngrößen geben eine Auskunft darüber, welche Belastungen an der Schneidkante auftreten. Einen direkten Zusammenhang zur Standzeit kann derzeit aber noch nicht berechnet werden.

Die gezeigten Simulationsprogramme machen deutlich, dass es auf der einen Seite viele Programme zur Auslegung der Kegelradgeometrie existieren. Auf der anderen Seite gibt es ein Simulationsprogramm, welches den Kegelradfräsprozess abbildet, diesen aber nicht analysieren kann. Eine bereits existierende Software für die Analyse von Wälzfräsprozessen konnte zeigen, dass eine solche Simulation viele Vorteile bringen kann.

Bis zum jetzigen Zeitpunkt ist es also mit keiner Software möglich die Belastungen der Schneidkante beim Kegelradfräsen im Detail, wie in Kapitel 2.1 aufgeführt, zu berechnen. Es liegen lediglich Erfahrungen vor, die auf Versuche oder Aufzeichnungen der Serienfertigung zurückgreifen. Dieses Wissen ist zudem bei jedem Anwender separat vorhanden. Eine umfassende Analyse eines Fertigungsprozesses und damit eine Vorhersage der Zerspanbedingungen ist mit den Daten nur schwer möglich.

3 Zielsetzung

Objectives

Eine kontinuierliche Senkung der Kosten ist in der heutigen Zeit eine wesentliche Forderung in der Fertigung. Das wird durch eine Steigerung der Produktivität erzielt. Eine gezielte Auslegung und Analyse der Kegelradfräsprozesse ist notwendig. Aus diesem Grund soll ein Modell erzeugt werden, welches den Kegelradfräsprozess im Detail analysiert. Insbesondere beim Kegelradfräsen sind die Bewegungen und Werkzeuge derart komplex, dass eine näherungsweise analytische Betrachtung nicht möglich erscheint.

Demgegenüber haben Simulationen von Fertigungsprozessen bereits für das Wälzfräsen von Stirnradverzahnungen gute Ergebnisse geliefert. Für das Kegelradfräsen existiert bis zum jetzigen Zeitpunkt aber kein Modell, welches eine solche Aufgabe durchführen kann.

Das zu entwickelnde Simulationsmodell soll in der Lage sein, den Kegelradfräsprozess realitätsnah abzubilden. Das gilt insbesondere für die sehr komplexen Eingriffsverhältnisse zwischen Werkstück und Werkzeug, die auf der Geometrie und den Bewegungen im Bearbeitungsprozess beruhen. Durch die Bestimmung der Spanbildungsparameter können die Belastungen der Schneidkante im Prozess vorhergesagt werden. Ungünstige Zustände im Zerspanprozess, wie zum Beispiel zu hohe lokale Belastungen der Schneidkante, werden identifiziert und durch Variation der Prozessparameter vermieden. Mit diesen Informationen kann der Fertigungsprozess für den Verzahnungsfall spezifisch ausgelegt werden, vgl. **Bild 3.1**.

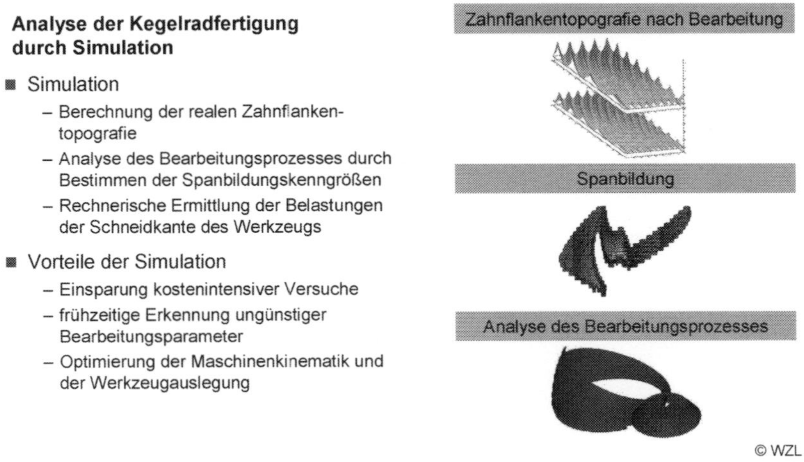

Bild 3.1: Zielsetzung
Objectives

Die Analyse des Kegelradfräsprozesses bietet verschiedene Vorteile. Da der reale Fertigungsprozess nachgebildet wird, wird auch die real im Bearbeitungsprozess gefertigte Geometrie berechnet. Zusätzlich dazu können durch eine rechnerische Analyse der Eingriffsverhältnisse diverse Spanbildungsparameter ermittelt werden. Diese Parameter können dann bei der Analyse und Beurteilung der Kegelradfräsprozesse genutzt werden.

Nach der Entwicklung eines vollständig neuen Simulationsmodells zur Berechnung der Spanbildungskenngrößen muss eine Verifikation durchgeführt werden. Das erfolgt anhand realer Fertigungsprozesse, wobei die Ergebnisse verglichen werden. So können real gefertigte Späne mit den simulierten Spänen gegenübergestellt werden. Ebenfalls kann der Werkzeugverschleiß mit den berechneten Spanbildungskenngrößen in Relation gesetzt werden.

Abschließend sollen die Einflüsse unterschiedlicher Fertigungsprozesse aufgezeigt werden. Da beim Kegelradfräsen viele Prozessvarianten existieren, treten unterschiedliche Zerspanbedingungen auf. Aus diesem Grund werden bei zwei Fertigungsprozessen unterschiedliche Varianten miteinander verglichen. Diese Untersuchungen sollen ein erster Schritt sein, ein weiterführendes Prozessverständnis in Hinblick auf die Werkzeugbelastung und die Einflüsse auf die Spanbildungskenngrößen aufzubauen.

4 Realisierung des Simulationssystems

Realization of the Simulation System

Die zuvor dargelegten Zusammenhänge zeigen, dass für eine detaillierte Analyse eines komplexen Fertigungsprozesses, wie dem Kegelradfräsen, eine Simulation unumgänglich ist. Für das Kegelradfräsen existiert bis zum jetzigen Zeitpunkt jedoch kein derartiges Simulationssystem. Aus diesem Grund ist in den vorliegenden Untersuchungen ein solches entwickelt worden. Die folgenden Kapitel zeigen, in welcher Weise das Simulationssystem realisiert wurde, um eine Analyse des Kegelradfräsprozesses zu ermöglichen.

4.1 Struktur des Simulationssystems

Structure of the Simulation System

Wie sich gezeigt hat, existiert bisher weder eine Software, die in der Lage ist die Simulation durchzuführen, noch ein System, das mit einfachen Mitteln erweitert werden kann, um diese Aufgabe zu erfüllen. Aus diesem Grund muss ein neuartiges Simulationssystem entwickelt werden.

Das Ziel einer Prozessanalyse besteht darin, detaillierte Informationen über einen speziellen Bearbeitungsprozess zu erlangen. Bei den möglichen Bearbeitungsprozessen können neben einer Vielzahl unterschiedlicher Bearbeitungsprozesse auch viele verschiedene Komponenten, wie zum Beispiel Werkstücke, Werkzeuggeometrie oder auch die Prozesskinematik, zum Einsatz kommen. Daraus ergibt sich eine Vielzahl von Prozessvarianten, die bei einem schlechten Design des Simulationssystems die Variantenvielfalt und somit auch die Komplexität erheblich steigern können.

Aus diesem Grund muss ein neues Simulationssystem die genannten Prozessvarianten auch flexibel abbilden können. Für den Aufbau ist ein modulares Konzept entwickelt worden [MCCO96, S. 62-63, 415 ff]. Ein modulares Konzept entspricht einer Bibliothekenbildung von Berechnungsroutinen. Auf diese Routinen können dann viele unterschiedliche Programme zugreifen und sich die Funktionalitäten einzelner Module bedienen. Eine Umsetzung dieses Konzepts erfordert im Vorfeld eine klare Definition der Schnittstellen der Module. Die wichtigsten Komponenten für die Simulation des Kegelradfräsens zeigt **Bild 4.1**.

Eine Komponente, die das Simulationssystem nachbilden muss, ist das Kegelrad. Da es sich bei dem Rohling eines Kegelrads in der Regel um ein Drehteil handelt, wird es im Simulationssystem als ein Rotationskörper definiert. Das bedeutet, dass die Geometrie als Punktfolge der Berandung des Werkstücks vorgegeben wird. Die Punkte, welche die Kontur des Drehteils beschreiben, werden rotiert. Anschließend werden die Punkte automatisch vernetzt, sodass eine geschlossene Hülle für das Werkstück entsteht.

Der Messerkopf besteht aus zwei verschiedenen Untermodulen. Ein Modul beschreibt die Geometrie des Stabmessers und die Position auf dem Messerkopf. Das andere Modul enthält die Informationen zum Messerkopf, wie zum Beispiel die einzelnen Stabmesser und Geometriedaten des Messerkopfes. Durch diese Aufteilung wird das Werkzeug sehr flexibel beschrieben. Es kann für jedes einzelne Stabmesser eine andere Geometrie und zusätzlich eine individuelle Positionierung am Messerkopf, beispielsweise zur Vorgabe von Montagefehlern, angegeben werden. In der Simulation zerspanen dann die einzelnen Stabmesser entsprechend ihrer Position am Messerkopf das Werkstück.

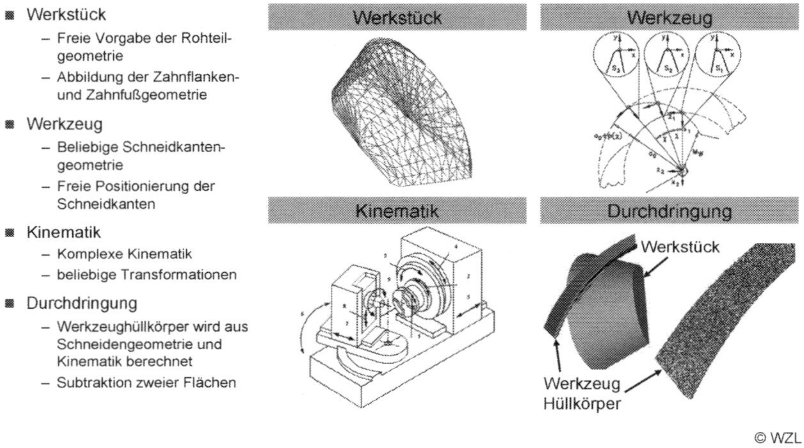

Bild 4.1: Komponenten des Simulationssystems
Components of the Simulation System

Von besonderer Bedeutung beim Fräsen von Kegelrädern ist die Kinematik. Aufgrund des Abwälzvorgangs bei Kegelrädern kommen komplexe Relativbewegungen zwischen Werkzeug und Werkstück zum Einsatz. Aus diesem Grund wird das Prinzip der kinematischen Kette nach [ESCH96] verwendet. Das ermöglicht eine einfache Berechnung der Transformationen zwischen Werkzeug und Werkstück auch für komplexe kinematische Abhängigkeiten.

Ein wesentliches Merkmal des neuen Simulationssystems ist die Durchdringungsrechnung. Die Schwierigkeit bei der Durchdringungsrechnung liegt darin, dass sie allgemeingültig und stabil implementiert werden muss. Da in älteren Simulationssystemen ein vereinfachtes Geometriemodell [WECK00, WECK03] verwendet wurde, war auch die Bestimmung der Durchdringungsbereiche einfacher. Da aber eine vereinfachte Darstellung der Geometrie gerade in Bezug auf die Kopfspanungsdicken bei Kegelrädern nicht ausreichend ist [BREC04], muss die Geometrie von Werkstück und Werkzeug allgemein abgespeichert werden. Bisherige Simulationen von Kegelradfräsprozessen berechnen keine Spanungsdicken. In dem umgesetzten Modell wird zunächst die Kontur der Werkzeugschneide entlang der Bahn der Kinematik erzeugt. Dadurch entsteht der Hüllköper der Werkzeugschneide für einen Schnitt. Dieser Hüllkörper wird dann über die Geometrie des Werkstücks gelegt. Mithilfe der

Durchdringungsrechnung kann dann bestimmt werden, welcher Bereich des Werkstücks von der Werkzeugschneide zerspant wird. Dieser Bereich wird anschließend vom Werkstück herausgetrennt und entsprechend der Kontur des Werkzeughüllkörpers zurückgesetzt. Zum Erzielen einer großen Berechnungsgenauigkeit werden zusätzlich Zwischenpunkte an den Schnittstellen zwischen Werkstück und Werkzeug berechnet, um so auch scharfkantige Übergänge erfassen zu können.

Für die Umsetzung eines vollständig modularen und wieder verwendbaren Konzepts ist es nicht ausreichend, einzelne eigenständige Module zu entwickeln. Eine Modulare Konzeption des gesamten Simulationssystems ist notwendig in dem Schnittstellen zwischen den Programmkomponenten definiert werden. Ein Auszug aus diesen Bibliotheken und den darin enthaltenen Modulen zeigt exemplarisch **Bild 4.2**.

- Der Bearbeitungsprozess muss im Simulationssystem abgebildet werden.
- Ziele des Simulationssystems:
  - Einfache Implementierung
  - Einfache Wartung
  - Leichte Erweiterbarkeit
  - Komponenten leicht substituierbar
- Aus diesem Grund ist eine modulare Bauweise gewählt worden

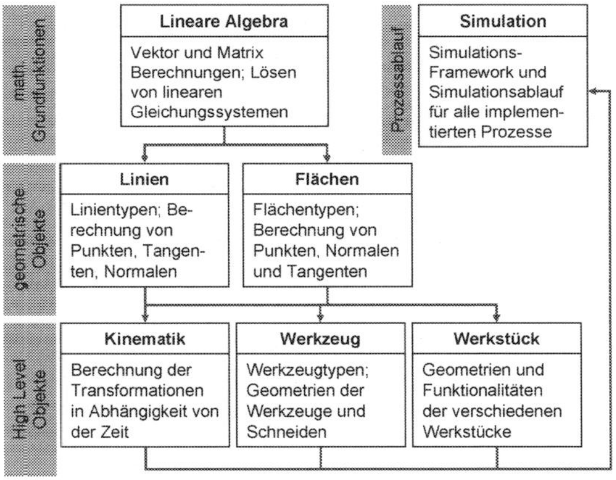

© WZL

Bild 4.2: Aufbau des Simulationssystems
Design of the Simulation System

In dem rechten Teil des Bildes sind beispielhaft einige Module des Simulationssystems und deren Abhängigkeiten abgebildet. Die Bibliotheken enthalten Module, die zunächst mathematische Grundfunktionen der geometrischen Datenverarbeitung bereitstellen. Zu diesen Grundfunktionen zählen zum Beispiel die Vektor- und Matrixrechnung oder das Lösen von linearen Gleichungssystemen.

Auf diesen Modulen bauen dann Linien und Kurven als einfache geometrische Objekte auf, in denen auch einfache geometrische Berechnungen implementiert sind. Nach der Vereinbarung einer Linie oder Fläche können zugehörige Tangenten oder Normalen mithilfe der jeweiligen Module bestimmt werden. Die dafür notwendigen Berechnungen sind durch die mathematischen Grundfunktionen einfach durchzuführen.

Für die Prozesssimulation sind das Werkstück, das Werkzeug und die Kinematik von Bedeutung. Diese Objekte werden in Bild 4.2 als High Level Objekte bezeichnet, da sie das Verhalten von komplexen und real existierenden Komponenten des Bearbeitungsprozesses beschreiben. Durch den modularen Aufbau sind die Funktionen, wie zum Beispiel die Geometrie des Werkstücks, die Position und die Form der Schneidkanten sowie die Bewegungen im Bearbeitungsprozess, sehr einfach durch die bereits existierenden Module im Simulationssystem anwendbar. Die Geometrie des Werkstücks kann zum Beispiel durch eine Fläche beschrieben werden.

Ein Vorteil des modularen Konzepts des Simulationssystems liegt in einer sehr einfachen Implementierung, da die komplexen Berechnungsprobleme in kleine und einfache Berechnungen unterteilt werden. Aus diesem Grund wird auch die Wartbarkeit des gesamten Systems gewährleistet, da sich die einzelnen Module oder einzelne ihrer Komponenten austauschen lassen, ohne dass dadurch andere Module beeinflusst werden. Wenn die Berechnungsgeschwindigkeit in einem Modul gesteigert wird, profitieren sofort alle davon abhängigen Elemente. Aus den gleichen Gründen ist das Simulationssystem ohne tiefgehende Vorkenntnisse mit neuen Modulen zu erweitern.

Ein wesentlicher Bestandteil der hier vorgestellten Arbeiten entspricht der Implementierung der High Level Objekte. Aus diesem Grund wird in den nächsten Kapiteln die Definition und Umsetzung dieser Komponenten näher erläutert.

4.1.1 Definition der Werkstückgeometrie
Definition of the Workpiece

Ein abzubildendes Objekt in der Simulation stellt das Werkstück dar. Da in der Realität jedoch viele unterschiedliche Geometrien auftreten, ist eine große Flexibilität in der Definition gefordert. Zusätzlich ist eine komplexe 3 dimensionale Repräsentation gefordert, da ansonsten die Berechnung der Spanungsdicken unnötige Fehler aufweist.

Für das Kegelradfräsen existiert eine Vielzahl unterschiedlicher Fertigungsprozesse und eine Reihe verschiedener Werkzeuge. Die Qualität der Werkzeuge ist für die Qualität des Werkstücks vom besonderen Interesse. Um zukünftig auch diese Einflüsse abbilden zu können, müssen z.B. auch Fehler der Zahndicke oder anderer Abweichungen dargestellt werden können, welche durch fehlerhafte Werkzeuge erzeugt werden. Das erfordert eine Abbildung der 3 dimensionalen Geometrie des gesamten Kegelrades. Aus diesem Grund ist eine Vereinfachung des Werkstücks nicht zulässig. **Bild 4.3** zeigt, wie diese Anforderungen an die Werkstückgeometrie realisiert werden.

Die Anforderungen können mit der Beschreibung des Volumenkörpers durch eine allgemeine Beschreibung der Werkstückoberfläche durch 3D Flächen erfüllt werden. Durch diese Beschreibung ist es möglich, jede beliebige Geometrie vorzugeben. In diesem Fall wird eine Fläche benutzt, um die Außenkontur des Werkstücks zu beschreiben. Alles, was innerhalb dieser Fläche liegt, ist Material des Werkstücks. Zwischen einzelnen Stützpunkten auf der Werkstückoberfläche wird linear interpoliert. Das führt dazu, dass die Oberfläche aus vielen Dreiecken beschrieben wird. Diese

Dreiecke werden zu einer gesamten Oberfläche vernetzt. Die resultierende Genauigkeit des Simulationssystems hängt direkt mit der Anzahl der Stützpunkte zusammen. Je mehr Stützpunkte existieren, desto größer ist die Genauigkeit in der Simulation.

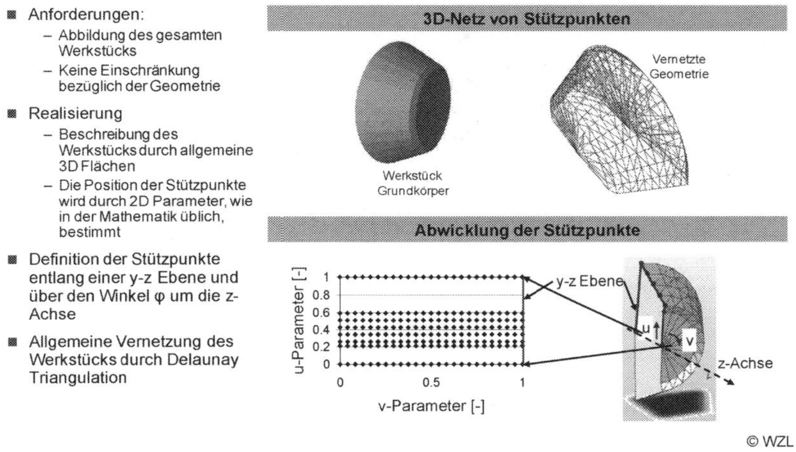

Bild 4.3: Berechnung der Werkstückgeometrie – Geometrieerzeugung
Calculation of the Workpiece Geometry – Geometry Creation

Flächen sind 2 dimensionale Objekte. In der Mathematik ist es üblich, einzelne Punkte auf den Flächen durch 2 dimensionale (u, v) - Parameter zu beschreiben [BRON99, PIEG97]. Aus diesem Grund müssen die 3 dimensionalen Stützpunkte, welche die Fläche definieren, in 2 dimensionale (2D) Parameter umgewandelt werden. Die Berechnung der 2D Parameter geschieht als Abwicklung der Werkstückoberfläche. Die Abwicklung wird zunächst in zwei Richtungen definiert. Die Erste (u) ist in axialer Richtung entlang der Werkstückoberfläche, die Zweite (v) entspricht der Rotation um die Achse des Werkstücks. So ist vorstellbar, dass alle Stützpunkte, die in der y-z – Ebene liegen, entlang einer Linie abgewickelt werden. In Bild 4.3 rechts unten ist eine Linie mit konstantem v – Parameter zu erkennen. Die Abstände der Stützpunkte im 3 dimensionalen Raum entsprechen den Abständen der Punkte auf der Parameterfläche. Diese Abwicklung geschieht analog um die Drehachse des Werkstücks. Die Abstände der 2 dimensionalen Parameter entsprechen in diesem Fall den Winkelabständen im 3 dimensionalen Raum.

Die Vernetzung der Stützpunkte mit Dreiecken wird durch eine Triangulation erreicht. Die bekannteste Form der Triangulation ist die Delaunay-Triangulation [DELA34]. Eine Triangulation nach Delaunay bedeutet, dass ein bestimmtes Kriterium existiert, nach dem die Dreiecke gebildet werden. Dieses Kriterium besagt, dass ein Kreis, der durch alle Punkte eines Dreiecks geht, keine weiteren Stützpunkte enthalten darf. Genauer beschrieben besteht ein zweidimensionales Delaunay-Netzwerk aus nicht überlappenden Dreiecken, wobei im Netzwerk kein Eckpunkt vom Umkreis eines beliebigen anderen Dreiecks umschlossen ist. Anschaulich betrachtet, wird ausgehend von zwei Punkten für die optimale Vernetzung einer Oberfläche im zweidimensionalen Raum nach einem dritten Punkt gesucht. Der dritte Punkt entspricht dem Punkt, der den größtmöglichen Innenwinkel ergibt. Dabei wird der Winkel aus den Verbindungen des Punktes zu den Ausgangspunkten gebildet. Die drei so bestimmten Punkte erzeugen eindeutig einen Kreis und es ist gewährleistet, dass sich kein weiterer Punkt im Inneren dieses Kreises befindet. Die Delaunay-Triangulierung maximiert demzufolge den Innenwinkel der Dreieckselemente, siehe auch [NN07d].

Das genannte Delaunay Kriterium kann in unterschiedlichen Algorithmen umgesetzt werden. Beispielhaft werden in **Bild 4.4** zwei Algorithmen verglichen.

- Delaunay
  - Dreiecke des Netzes erfüllen die Umkreisbedingung
- Divide & Conquer Algorithmus
  - Rekursives Unterteilen der Punktmenge in Vierecke
  - Teilen des Vierecks entlang der kürzesten Kante
  - Geometrie zusammenfügen
- Flip Algorithmus
  - Lokale Auswertung der Umkreisbedingung
- Erzeugen von Triangle Strips
  - Kanten kombinieren
  - Reduzierter Speicheraufwand
  - Geschlossene Oberflächen

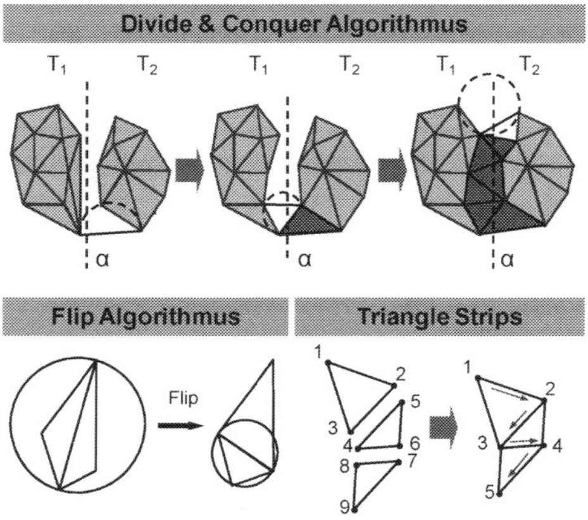

© WZL

Bild 4.4: Algorithmen zur Vernetzung von Punktwolken durch Triangulation
Algorithms for Triangulation of Point Clouds

Der Divide-and-Conquer-Algorithmus besteht im Wesentlichen aus drei einzelnen Schritten [DWYE86]. Zuerst wird die Geometrie rekursiv in disjunkte Teilmengen zerteilt, bis jede Teilgeometrie nur noch vier Punkte enthält. Anschließend werden durch Teilen entlang der kürzeren Diagonalen aus dem Viereck zwei Dreiecke erzeugt. Nun beginnt das Zusammenfügen der Geometrien. In diesem Algorithmus wird die konvexe Hülle jeder Teilmenge benutzt, um die Menge festzulegen. In einem rekursiven Prozess werden alle Teilregionen wieder zusammengemischt, bis alle Punkte wieder in einer Region liegen.

Ein beispielhaftes Vorgehen wird in Bild 4.4 oben gezeigt. Hier werden die beiden durch die Linie α getrennten Teilmengen T1 und T2 zu einem Netzwerk aus Dreiecken verbunden. Ausgehend von der Kante zweier Randpunkte der Teilmengen wird nach dem dritten Eckpunkt des Dreiecks gesucht, zu erkennen im ersten Abschnitt des Bildes. Von der so erzeugten Kante wird analog fortgefahren. Dabei kann es passieren, dass, wie im dritten Bildbereich zu sehen ist, bereits existierende Dreiecke wieder verworfen werden. Dies ist notwendig, um die neu hinzugewonnenen Punkte einzufügen. Nach erfolgreichem Ablauf des Algorithmus ist die Punktmenge durch Dreiecke repräsentiert, wie der sechste und letzte Teil des Bildes zeigt. Die Laufzeit dieses Algorithmus ist proportional zur Anzahl der Dreiecke mit $n \cdot \log(n)$, $O(n \cdot \log(n))$, und damit relativ schnell. Eine Parallelisierung des Algorithmus zur Nutzung auf Parallelrechnern ist aufgrund der Aufteilung der Bereiche denkbar [BURG01].

Ein anderer Ansatz für die Triangulierung einer Punktwolke ist im unteren Teil des Bildes gezeigt. Hierbei handelt es sich um einen Flip-Algorithmus. Bei diesem Algorithmus werden zunächst drei beliebige Punkte aus der Punktmenge gewählt und zu einem Dreieck zusammengesetzt. Im nächsten Schritt wird ein weiterer Punkt der Triangulierung hinzugefügt und die daraus resultierenden Dreiecke nach dem Delaunay-Kriterium geprüft. Liegt ein existierender Punkt im Umfangskreis, dann werden die Kanten des Dreiecks ausgetauscht. Die so entstandenen neuen Dreiecke entsprechen dann der Delaunay Bedingung. Bei diesem Vorgehen handelt es sich um ein inkrementelles Aufbauen der Triangulation. In jedem Zwischenschritt wird eine Delaunay-Triangulation erzeugt. Das hat den Vorteil, dass auch zu einem späteren Zeitpunkt in der Simulation schrittweise neue Punkte hinzugefügt oder alte Punkte gelöscht werden können. Ein Algorithmus zur Umsetzung dieser Vorgehensweise ist in [RENK96a] beschrieben.

Bei der vorliegenden Problemstellung ist davon auszugehen, dass die vorliegende Punktwolke sehr oft modifiziert werden muss. Aus diesem Grund ist die Umsetzung des Flip Algorithmus gewählt worden, da ein Neugenerieren der Triangulierung für jeden Schritt als sehr zeitintensiv zu betrachten ist. Ein inkrementelles Ändern der Triangulierung nach jedem Schritt hat hier deutliche Vorteile.

Weiterhin bietet eine Triangulierung auch Ansatzpunkte zur Optimierung. So kann die Menge von Dreiecken komprimiert in Form von einem Dreieckszug abgespeichert werden. Dazu wird unter anderem die Technik des Triangle Strips eingesetzt [AKEN02]. Hierbei werden gleiche Kanten der Dreiecke erkannt. Die Dreiecke werden anhand dieser Kanten hintereinander gereit, wodurch eine geschlossen Fläche erzeugt wird.

Mithilfe des Triangle Strips kann eine Anzahl von N Dreiecken anstatt durch 3xN Punkte im besten Fall mit N+2-Punkten beschrieben werden. Dies bedeutet, dass die Komprimierung einer Dreiecksmenge zu einem Triangle Strip den verwendeten Speicher auf ein Drittel reduziert. Der Einsatz dieser Technik ist vor allem für die praktische Anwendung von Interesse.

4.1.2 Definition der Werkzeuggeometrie

Definition of the Tool Geometry

Bei der Geometrie der Werkzeuge ist die Flexibilität des Simulationssystems besonders wichtig. Bereits in Kapitel 2.3 wurden die möglichen Freiheiten bei der Definition der Werkzeuggeometrie aufgezeigt. Inwieweit ein Messerkopf durch diese Freiheitsgerade beschrieben werden kann, verdeutlicht **Bild 4.5**.

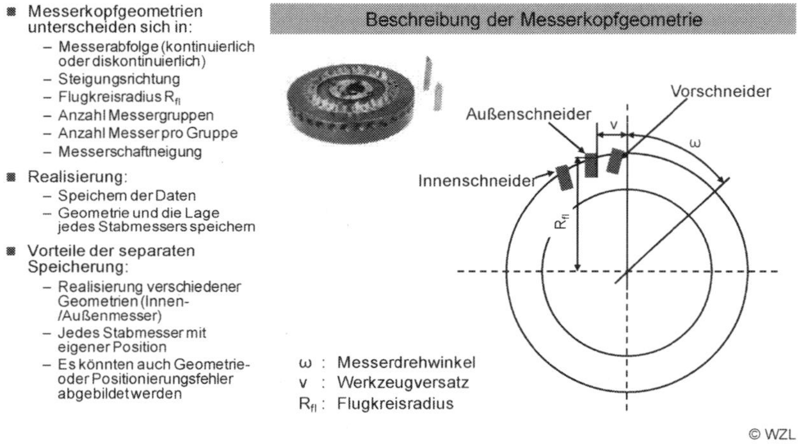

Bild 4.5: Berechnung der Messerkopfgeometrie
Calculation of the Cutting Head Geometry

Auf der rechten Seite des Bildes ist eine Prinzipskizze eines Messerkopfes abgebildet. In dieser Skizze sind verschiedene Stabmesser einer Messergruppe am Umfang des Messerkopfes eingezeichnet. Je nachdem, ob es sich bei dem Fertigungsverfahren um ein kontinuierliches Verfahren oder ein Einzelteilverfahren handelt, werden die Stabmesser unterschiedlich am Messerkopf positioniert. Die Stabmesser für ein Einzelteilverfahren befinden sich auf einem Kreis um den Mittelpunkt des Messerkopfes. Wohingegen sich die Stabmesser für ein diskontinuierliches Verfahren auf einer spiralförmigen Bahn befinden. Würden sich die Stabmesser bei einem diskontinuierlichen Verfahren ebenfalls auf einer Kreisbahn befinden, könnten sie nicht in die nächste Lücke eingreifen, da nicht genügend Platz zwischen den Messergruppen wäre. Die relative Positionierung kann anhand des Messerdrehwinkels ω und dem Werkzeugversatz v vorgenommen werden.

Ebenso wie die Unterscheidung der Messerabfolge muss auch deren Steigungsrichtung berücksichtigt werden. Dreht sich die Rotationsrichtung um, so muss die Spirale ebenfalls anders gerichtet sein. Die Positionierung der Stabmesser im Simulationsmodell muss dementsprechend abgebildet werden.

Eine ebenfalls sehr wichtige Größe zur Definition des Messerkopfes ist der Flugkreisradius R_{fl}. Er beschreibt den Radius am Umfang des Messerkopfes, an dem die Stabmesser positioniert werden.

Eine weitere Größe, die sich zwischen einzelnen Messerköpfen ändern kann, ist die Anzahl der Messergruppen. Die Anzahl der Gruppen kann in Bezug auf den Durchmesser des Werkzeugs oder die Vorschubgeschwindigkeit angepasst werden. Je größer der Durchmesser ist und je kleiner der benötigte Spanraum, desto mehr Messergruppen können am Werkzeug positioniert werden. Des Weiteren kann auch die Anzahl der Messer pro Gruppe unterschiedlich sein. Es können pro Messergruppe ein, zwei oder drei Stabmesser eingesetzt werden. Die Anzahl der Messer pro Gruppe ist wiederum abhängig vom Bearbeitungsfall. Zusätzlich werden die Stabmesser heutzutage unter einem Neigungswinkel im Messerkopf eingebaut. Die Variation des Neigungswinkels führt ebenfalls zu einer veränderten Positionierung des Stabmessers am Messerkopf.

Die genannten Parameter zur Beschreibung des Messerkopfes haben alle einen Einfluss auf die Zerspanbedingungen während der Fertigung. Wird z. B. ein Werkstück mit einem anderen Werkzeug gefertigt, bei dem der Flugkreisradius verändert ist, so ändert sich ebenfalls die Lückenkontur in Längsrichtung am Kegelrad.

Dadurch wird ersichtlich, dass für jedes Stabmesser auf dem Messerkopf diese Kenngrößen gespeichert werden müssen, da sie einen wesentlichen Einfluss auf die Zerspanbedingungen haben. Dies konnte dadurch realisiert werden, dass diese Parameter für jedes Messer einzeln abgespeichert werden. So kann durch eine flexible Implementierung in zukünftigen Untersuchungen z. B. der Einfluss der Montagegenauigkeit auf die Zerspanbedingungen und die Werkstückqualität analysiert werden. Zusätzlich kann in dem umgesetzten Simulationssystem die Geometrie für jedes Stabmesser berechnet und gespeichert werden. Damit ist es möglich, dass die Zerspanbedingungen an jedem Stabmesser einzeln analysiert werden.

Die Definition der Geometrie der Stabmesser ist ebenfalls eine komplexe Aufgabe, bei der viele Freiheitsgrade zur Verfügung stehen. Deswegen wird in **Bild 4.6** näher auf die Definition der Schneidkantengeometrie und deren Umsetzung im Simulationssystem eingegangen.

In Bild 2.10 wurden bereits die Größen gezeigt, mit denen die Geometrie einer Schneide definiert werden können. Im Simulationssystem werden die einzelnen Flanken (Haupt- und Nebenschneide) mithilfe dieser Kenngrößen berechnet. Die Flanken werden anschließend zusammengesetzt, um die Gesamtkontur der Schneide zu erhalten.

Aus diesem 2 dimensionalem Profil muss die 3 dimensionale Geometrie des Stabmessers berechnet werden. Dies geschieht anhand einer Neigung des Schneidkantenprofils unter dem Spanwinkel in die Ebene des Schaftes des Stabmessers. Um die Geometrie zu vervollständigen, wird ebenfalls der Freiwinkel des Stabmessers gespeichert. So kann auch im Simulationssystem die vollständige Geometrie des Stabmessers berechnet werden.

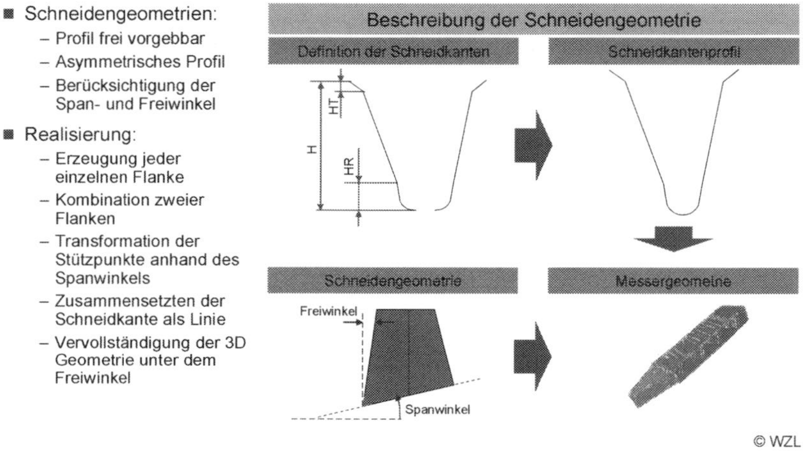

Bild 4.6: Berechnung der Schneidengeometrie
Calculation of the Cutting Blade Geometry

Die aufgezeigte Implementierung gibt die Möglichkeit ein Werkzeug sehr frei zu definieren. Durch die separate Speicherung der Profile kann theoretisch für jedes Stabmesser ein anderes Profil vorgegeben werden. Es ist auch denkbar, dass die Positionierung der Stabmesser am Umfang des Messerkopfes variabel gestaltet wird, um eine Toleranz bei der Einbauhöhe zu simulieren. Die flexible und modulare Gestaltung des Simulationssystems macht es dann möglich, das Werkzeugmodul um diese Fähigkeiten zu ergänzen.

4.1.3 Simulationsablauf
Simulation Flow

Insbesondere beim Simulationsablauf ist eine flexible Steuerung notwendig, da beim Kegelradfräsen verschiedene Prozessvarianten zum Einsatz kommen können. Diese Prozesse haben eine unterschiedliche Werkzeuggeometrie und eine unterschiedliche Prozesskinematik. Damit unterscheiden sich die verschiedenen Prozessvarianten auch im Prozessablauf, weshalb sich auch der Ablauf während der Simulation für jeden Prozess unterscheiden muss. Dies trifft für Kegelradfräsprozesse mit Messerköpfen, welche sich in der Anzahl der Stabmesser unterscheiden, genauso zu, wie für einen Palloid-Fräsprozess. Um die Flexibilität des Simulationsmoduls zu sichern, ist ein Discrete-Event-Simulation Ansatz gewählt worden [BANK01, GARR01]. Das bedeutet, dass die Simulation in diskrete Zeitschritte unterteilt wird, in denen die Aufgaben, die im Fertigungsprozess anfallen, abgearbeitet werden. **Bild 4.7** detailliert den Ansatz für das Kegelradfräsen mit einem Messerkopf.

Im Fräsprozess von Kegelrädern wird aufgrund der Schnittbewegung des Werkzeugs das Werkstück zerspant. Durch die Vorschubgeschwindigkeit wird im Bearbeitungsprozess die nächste Schneide des Werkzeugs in Eingriff gebracht. Das geschieht so lange, bis die gewünschte Endgeometrie des Werkstücks erzeugt wurde.

Diesen Ablauf muss die Simulation nachbilden, um den Prozess wirklichkeitsgetreu abzubilden und schließlich korrekte Spanbildungsparameter berechnen zu können. Für die Modellierung des beschriebenen Fertigungsprozesses und die Ablaufsteuerung des Fräsens eines Kegelrades mit einem Messerkopf ist ein spezielles Berechnungsmodul erstellt worden. Dieses Modul berechnet den Zeitpunkt der Durchdringung eines Stabmessers mit dem Werkstück. Für die Steuerung des Ablaufs ist das Discrete-Event-Simulation Framework gewählt worden. Es enthält ein Stack, in dem alle anfallenden Aufgaben, in diesem Fall das Zerspanen des Werkstücks, abgespeichert werden. Durch den Simulationsablauf wird für jedes Stabmesser der Zeitpunkt bestimmt, an dem es das Werkstück zerspant. Das entspricht der Aufgabe der Durchdringungsrechnung. Wenn die Werkzeugschneide in Eingriff mit dem Werkstück kommt, muss das zerspante Material mithilfe der Durchdringungsrechnung ermittelt und die Kontur des Werkstücks zurückgesetzt werden.

- Zu Beginn werden die ersten Events generiert:
  - Für jedes Stabmesser wird der Anfang der Durchdringung berechnet
- Danach werden in Abhängigkeit der im Prozess auftretenden Bedingungen weitere Events generiert:
  - Bei Durchdringung wird Material zerspant
  - Bei Austritt des Stabmessers wird die nächste Durchdringung gesucht
  - Es werden Kenngrößen berechnet
  - Daten können ausgegeben werden
  - Möglichkeit zum Aufrufen externer Programme

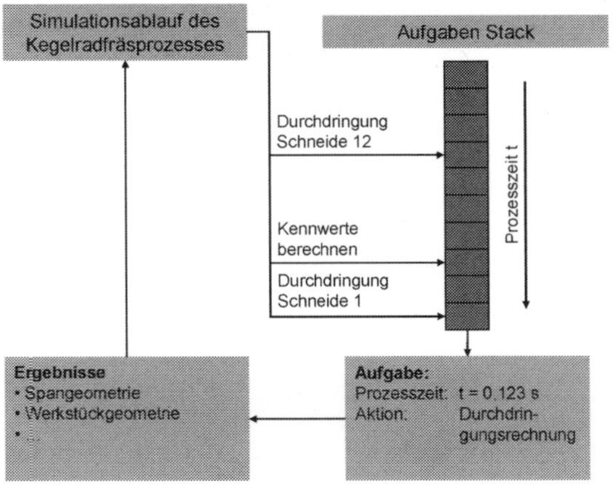

© WZL

Bild 4.7: Der Simulationsablauf am Beispiel des Kegelradfräsens mit einem Messerkopf
Simulation Flow Shown for Bevel Gear Cutting with a Cutter Head

Auf dem Stack des Simulationsablaufs befinden sich die für die Simulation notwendigen Aufgaben. Zusätzlich sind die Aufgaben nach der Prozesszeit, zu der sie auftreten, sortiert. Das bedeutet, dass zum Beispiel die Schnitte der einzelnen Stabmesser in der richtigen Reihenfolge durchgeführt werden. Ist in der Simulation ein Prozesszeitpunkt erreicht, zu dem eine Aufgabe durchgeführt werden soll, erkennt dies das Simulationsframework und führt die anstehende Aufgabe aus. Ist diese Aufgabe abgeschlossen, werden die berechneten Ergebnisse an die Ablaufsteuerung zurückgeliefert, die dann wiederum die nächsten Aktionen festlegt. Wenn zum Beispiel Material zerspant wurde, müssen weitere Kennwerte berechnet werden und der nächste Zeitpunkt, zu dem die Werkzeugschneide wieder Material zerspant, muss gefunden werden.

Diese Steuerung des Ablaufs hat den Vorteil, dass verschiedene Aufgaben sehr flexibel definiert werden können.

4.1.4 Durchdringungsrechnung

Penetration Calculation

Die Durchdringungsrechnung ist ein wesentlicher Bestandteil des neuen Simulationssystems. Die Durchdringungsrechnung wird eingesetzt, um die Spanungsgeometrie nach jedem Schnitt zu berechnen. Hierfür muss ermittelt werden, welche Bereiche des Werkzeugs das Werkstück durchdringen. Diese Vorgehensweise ist rechnerisch aufwendiger als die Berechnung der Geometrie nach der Fertigung mit vereinfachten Ansätzen oder ohne Analyse der Spanbildungsparameter [LITV94, S. 107 ff, WAUR07, HÜNE01]. Mit der Durchdringungsrechnung wird die Geometrie des Werkstücks zu jedem Zeitpunkt im Fertigungsprozess berechnet. Dadurch wird die Analyse eines Fertigungsprozesses erst möglich. Denn wenn die Endgeometrie nur vereinfacht berechnet wird, können die wahren Eingriffsverhältnisse auch nur vereinfacht berechnet werden. Und damit ist eine Analyse im Detail, vor allem für komplexe Fertigungsverfahren wie das Kegelradfräsen, nicht möglich.

Die Umsetzung der Durchdringungsrechnung und Analyse der Eingriffsverhältnisse gliedert sich in drei Aufgaben. Die erste Aufgabe besteht in der Berechnung des Werkzeughüllkörpers. Die Zweite dient der Berechnung der durchdringenden Bereiche. Schließlich werden in der dritten Aufgabe die Eingriffsverhältnisse durch eine Berechnung der Spanbildungskenngrößen analysiert. Diese Teilaufgaben entsprechen den Events in dem zuvor erklärten Simulationsablauf und werden im Folgenden vorgestellt.

In der Durchdringungsrechnung muss als Erstes der Hüllkörper des Werkzeugs berechnet werden. Der Hüllkörper entspricht dabei der Bahn des Werkzeugs für den simulierten Zeitbereich der Durchdringung. Dieses Vorgehen ist in **Bild 4.8** gezeigt.

Für eine genaue Analyse eines Fertigungsprozesses müssen die komplexen kinematischen Zusammenhänge der Werkzeugmaschine und die Bewegungen des Werkzeugs in Relation zum Werkstück berücksichtigt werden. Mathematisch gesehen kann dabei jede dreidimensionale Bewegung eines Punktes durch eine Multiplikation mit einer Matrix dargestellt werden. Die Bewegung entspricht allgemein einer Kombination aus Translation (Verschiebung) und Rotation (Drehung) des Punktes. Wird diese Bewegung dann diskret zu bestimmten Zeitpunkten ausgewertet, resultieren daraus die Werkzeugpunkte. Vereinfacht kann gesagt werden, dass das Schneidenprofil entlang der Bewegung extrudiert wird. Zusätzlich werden die Normalen auf den Hüllkörper des Werkzeugs berechnet, da diese in der Durchdringungsrechnung benötigt werden.

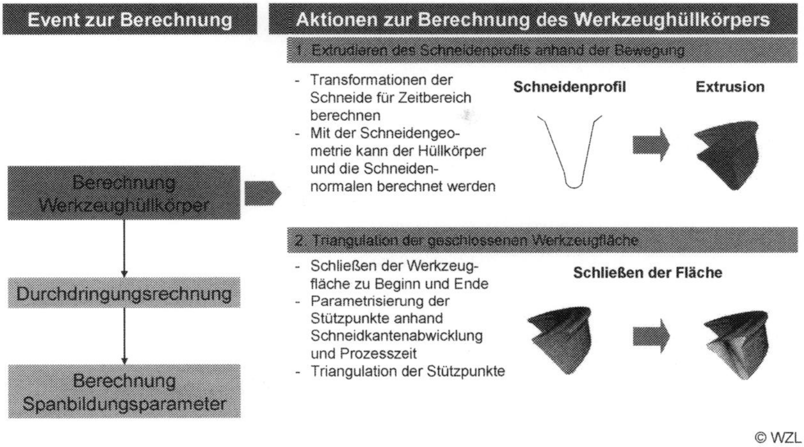

Bild 4.8: Aktionen zur Berechnung des Werkzeughüllkörpers
Steps for Calculating the Enveloping Body of the Tool

Sobald die Punkte berechnet sind, kann mit der Triangulierung der Fläche begonnen werden. Da bei der Durchdringungsrechnung zwei Volumenkörper benötigt werden, muss zunächst die Fläche des Werkzeughüllkörpers geschlossen werden. Das geschieht durch Ergänzung zweier zusätzlicher Flächen an den Enden des extrudierten Körpers. Sind alle Punkte der Fläche bekannt, müssen noch die Parameter für die Triangulierung berechnet werden. Dies geschieht entlang der Schneidkante, ähnlich wie beim Werkstück. In der anderen Richtung wird die Zeit als Grundlage verwendet. Die Triangulierung wird wie in Kapitel 4.1.1 beschrieben durchgeführt.

Da der Hüllkörper wegen der Transformation schon im Koordinatensystem des Werkstücks vorliegt, können der Hüllkörper und das Werkstück anschließend übereinandergelegt werden. Damit kann die Berechnung der Durchdringungsbereiche beginnen. In der Vergangenheit wurden bereits verschiedene Ansätze vorgestellt [ESCH96, WECK00, WECK03]. Diese Ansätze benutzen aber alle einen vereinfachten Ansatz, der aufgrund der Geometrie am Kegelrad für eine Analyse nicht verwendet werden kann, vgl. Kapitel 2.5. Aus diesem Grund ist ein neuartiger, völlig freier Ansatz entwickelt worden. Diese neue Vorgehensweise ist prinzipiell in **Bild 4.9** dargestellt.

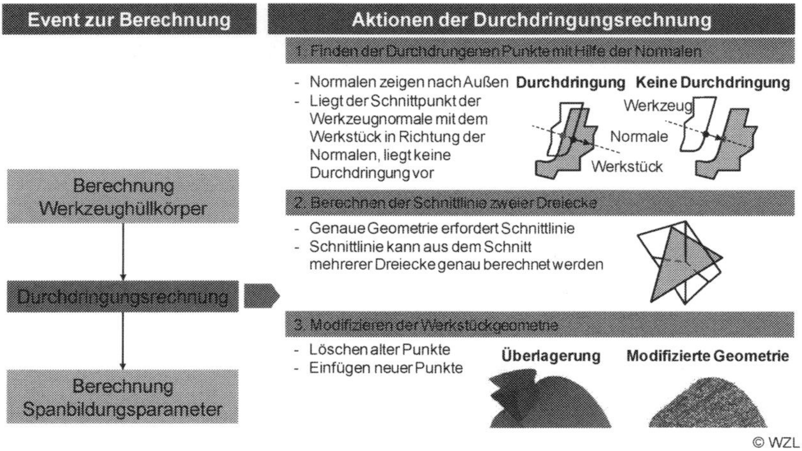

Bild 4.9: Aktionen der Durchdringungsberechnung
Steps for the Penetration Calculation

Im ersten Schritt müssen die Bereiche des Werkstücks und Werkzeugs gefunden werden, die einander durchdringen. Das bedeutet, es müssen die Punkte gefunden werden, die innerhalb des jeweils anderen Körpers liegen. Das kann mithilfe der Normalen geschehen. Die Normalen eines Körpers sind so definiert, dass sie nach Außen (vom Körper weg) zeigen. Aus dem Punkt kann in Kombination mit der Normalen eine Gerade aufgestellt werden. Anschließend muss der Schnittpunkt der Geraden mit dem anderen Körper bestimmt werden. Liegt ein Schnittpunkt vor, so kann berechnet werden, ob es sich um eine Durchdringung handelt. Dafür wird das Skalarprodukt aus der Normalen mit dem Schnittpunkt zwischen Werkstück und Werkzeug berechnet:

$$d = \vec{n} \bullet (\vec{s} - \vec{p}) \qquad \text{(Formel 4.1)}$$

d: Distanz

$\vec{n}$: Normale

$\vec{p}$: Werkzeugpunkt

$\vec{s}$: Schnittpunkt mit dem Werkstück

Für die Berechnung wird zunächst der Differenzvektor zwischen dem Stützpunkt auf dem Werkzeug mit dem Schnittpunkt der Fläche am Werkstück berechnet. Dieser Differenzvektor wird mit der Normalen multipliziert. Daraus ergibt sich ein vorzeichenbehafteter Abstand. Aus diesem Abstand lässt sich erkennen, ob der Punkt des Werkzeugs innerhalb des Werkstücks liegt. Ist der Abstand positiv, so liegt der Schnittpunkt in Richtung der Normalen, es liegt keine Durchdringung vor. Ist der Abstand negativ, so liegt der Punkt des Werkzeugs innerhalb des Werkstücks. Der Betrag entspricht der projizierten Länge des Differenzvektors auf die Normale und damit dem vielfachen der Länge des Normalenvektors. Handelt es sich bei der Normalen um einen normalisierten Vektor, so entspricht das Ergebnis dem tatsächlichen Abstand zwischen Werkstück und Werkzeug.

Für die Gewährleistung einer genauen Abbildung der Geometrie, ist die Berechnung der Durchdringungspunkte aber nicht ausreichend. Würden nur die Durchdringungspunkte ersetzt werden, dann wäre der Schnitt der Werkzeugschneide nicht abzubilden, da die Fläche in diesem Bereich interpoliert wird. Es muss demzufolge eine Schnittlinie ermittelt werden, um den Übergang genau zu berechnen. Im Simulationssystem wird aus diesem Grund eine Schnittlinie zwischen den Dreiecken des Werkzeugs und des Werkstücks ermittelt. Ein Beispiel für eine effiziente Schnittpunktberechnung von Dreiecken wird in [HELD97] gezeigt.

Um den Rechenaufwand gering zu halten, sollen nicht alle Dreiecke der beiden Flächen auf gemeinsame Schnittpunkte hin untersucht werden. Deshalb wird diese Aufgabe durch eine Technik optimiert, die unter dem Namen Kollisionserkennung (engl.: collision detection) in der Literatur zu finden ist [AKEN02]. Wird die Menge der Eckpunkte der Dreiecke betrachtet, so wird für diese Punktwolke ein vereinfachter Körper, in der Literatur auch als bounding box oder bounding volume bezeichnet, bestimmt. Bei diesem Körper handelt es sich um eine einfache geometrische Figur wie z. B. einen Kreis, ein Rechteck oder ein Vieleck.

Rechteckige, achsenparallele Körper werden als AxisAlignedBoundingBoxes bezeichnet. Mit diesen Boxen kann sehr schnell geprüft werden, ob die Punkte von Werkstück und Werkzeug im gleichen Bereich liegen. Nur dann muss eine Berechnung durchgeführt werden.

Sobald die neuen und alten Punkte bekannt sind, kann die Fläche des Werkstücks modifiziert werden. Da es sich bei dem gewählten Ansatz zur Triangulierung um einen inkrementellen Ansatz handelt, können in diesem Schritt die alten Werkstückpunkte gelöscht und die neuen Punkte des Werkzeugs eingefügt werden.

Damit die Punkte des Werkzeugs in das Werkstück eingefügt werden können, muss die Parametrisierung der Werkzeugpunkte angepasst werden. Die Anpassung der Parametrisierung kann durch eine Interpolation geschehen. Die Vorgehensweise zeigt **Bild 4.10**.

Das Übernehmen der Werkzeugpunkte als neue Punkte in das Werkstück erfordert die Interpolation der Flächenparameter vom Werkzeug zum Werkstück. Das bedeutet, dass die Punkte des Werkzeugs auf das Werkstück projiziert werden müssen. Die Bereiche, in denen sich das Werkstück und das Werkzeug durchdringen, sind bereits aus den vorangegangenen Berechnungen bekannt. Vereinfacht sind diese auch im Bild zu erkennen. Zunächst müssen die durchdrungenen Punkte des Werkstücks gelöscht werden. Dadurch entsteht eine Lücke in der Triangulation.

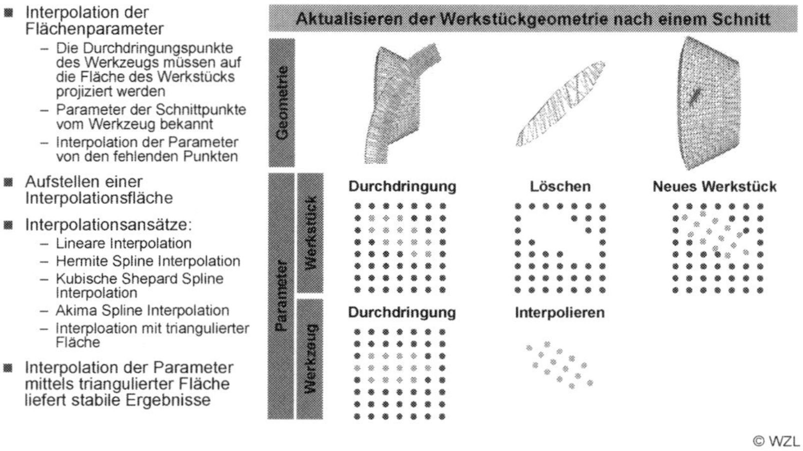

Bild 4.10: Modifikation der Werkstückgeometrie
Modifying the Workpiece Geometry

Weiterhin ist die Schnittlinie zwischen Werkstück und Werkzeug bekannt. Für die Punkte auf der Schnittlinie können die Flächenparameter direkt für das Werkstück und Werkzeug angegeben werden. Es kann also mithilfe dieser Punkte eine Interpolationsfläche aufgestellt werden, um so die fehlenden Parameter zu interpolieren. Für eine Interpolation existieren viele unterschiedliche Ansätze. Im Rahmen dieser Arbeit sind einige für die Interpolation der Flächenparameter getestet worden.

Zunächst ist eine einfache lineare Interpolation der Flächenparameter benutzt worden. Bei diesem Ansatz wurden drei Schnittpunkte gewählt und daraus ein Dreieck aufgestellt. Mittels des Dreiecks wurden die fehlenden Punkte bilinear interpoliert. Da durch die Verwendung eines einzelnen Dreiecks keine Unstetigkeit, z. B. durch Sprünge oder scharfe Schnittkanten, abbilden kann, sind fehlerhafte Interpolationen aufgetreten. Diese haben sich durch eine fehlerhafte Lage vereinzelter Parameter geäußert, was wiederum zu falsch einsortierten Punkten in der Triangulation geführt hat.

Eine einfache Interpolation war also nicht stabil anzuwenden. Aus diesem Grund wurden aus der Literatur bekannte höherwertige Ansätze gewählt. Zu den Ansätzen, welche getestet wurden, zählen die Hermite Spline Interpolation [RENK96b], die kubische Shepard Spline Interpolation [RENK99] und die Akima Spline Interpolation [AKIM96]. Diesen Ansätzen ist gemein, dass sie eine Splinefläche aufstellen, mit deren Hilfe die Parameter interpoliert werden. Die Splineflächen werden je nach Ansatz aus Polynomen höherer Ordnung aufgestellt. Zusätzlich können bei einigen Verfahren Gewichtungen einzelner Punkte vorgegeben werden. Der Nachteil dieser Ansätze liegt darin, dass Polynome ebenfalls nur schwer eine Unstetigkeit in den Parametern abbilden können. Die Interpolationssplines schwingen in den Bereichen der Unstetigkeiten, wodurch fehlerhafte Ergebnisse berechnet werden. Auch durch eine geschickte Wahl der Gewichtungsparameter konnte dieser Effekt nicht vollständig unterdrückt werden, weswegen Punkte vereinzelt falsch gesetzt wurden.

Die Interpolation der Flächenparameter mittels Splines zeigt, dass durch den Ansatz mit den stetigen Funktionen das Abbilden von unstetigen Stellen nur schwer allgemein möglich ist. Aus diesem Grund ist schließlich eine Interpolation mit einer triangulierten Fläche umgesetzt worden. Das Aufstellen der Interpolationsfläche ist nach der gleichen Vorgehensweise umgesetzt, wie auf Seite 36 beschrieben. Es handelt sich um eine bilineare Interpolation in Richtung der Flächenparameter. Dieser Ansatz bietet im Gegensatz zu den Spline Ansätzen den Vorteil, dass hierbei auch Kanten abgebildet werden können. Zusätzlich hat dieser Ansatz nicht die Einschränkungen der einfachen linearen Interpolation, da eine Fläche nicht mit einem einzigen, sondern mit vielen Dreiecken aufgestellt wird.

Sobald die Flächenpunkte interpoliert wurden, können diese in die Triangulation eingefügt werden. Beim Einfügen können Dreiecke auftreten, die für eine spätere Berechnung sehr ungünstig sind. Da bei einem Computer immer fehlerbehaftete Berechnungen mit Fließkommazahlen auftreten können, gibt es einige Randbedingungen zu berücksichtigen [NN07e]. Die Darstellung der Zahlen im Rechner erlaubt es auf der einen Seite sehr kleine Zahlen darzustellen. Andererseits können aber auch sehr große Zahlen abgebildet werden. Wird jedoch eine große Zahl mit einer kleinen Zahl multipliziert, treten Rundungsfehler auf. Am Beispiel der Triangulation können diese Rundungsfehler dazu führen, dass ein Punkt in ein falsches Dreieck eingefügt wird. Das tritt immer dann auf, wenn Berechnungen mit großen und kleinen Zahlen auftreten. Dieser Fall tritt bei einer Triangulierung auf, wenn Dreiecke mit großen Aspektverhältnissen betrachtet werden. Das bedeutet, dass ein Dreieck mindestens eine große und eine kleine Seitenlänge aufweist. Eine Erklärung liefert **Bild 4.11**.

Das Aspektverhältnis beschreibt den Quotienten aus der längsten zur kürzesten Seite eines Dreiecks. Es ist also ebenfalls ein Maß für den kleinsten Innenwinkel im Dreieck. Bei einer Triangulierung besteht aber das Ziel den kleinsten Innenwinkel zu maximieren. Zusätzlich dazu hat ein Dreieck mit einem großen Aspektverhältnis eine große räumliche Abmessung aber einen kleinen Flächeninhalt. Dies führt dazu, dass die Berechnungen ungenau werden.

Aus diesem Grund müssen nach einem Simulationsschritt alle Dreiecke überprüft werden. Wenn das Aspektverhältnis zu groß ist, wird dynamisch ein Zwischenpunkt eingefügt. Dieser Zwischenpunkt liegt in der Mitte des Dreiecks. Dadurch wird die längste Kante eines Dreiecks verkleinert. In dem Bild ist zu erkennen, dass nun mehr Dreiecke existieren. Zusätzlich ist das Aspektverhältnis der Dreiecke kleiner geworden und damit ist der minimale Innenwinkel größer geworden. Nur am Rand der Triangulierung ist das nicht der Fall.

- Dreiecke mit kleinem Flächeninhalt aber großer Kantenlänge führen zu Berechnungsungenauigkeiten
- Maß ist das Aspektverhältnis der Dreiecke
- Die Simulation verfeinert automatisch Dreiecke mit großen Aspektverhältnissen:
  - Das Aspektverhältnis ist der Quotient aus der längsten zur kürzesten Kante
  - Neuen Punkte auf der Mittelsenkrechten der kürzesten Kante einfügen
  - Dadurch Vergrößerung des minimalen Innenwinkels

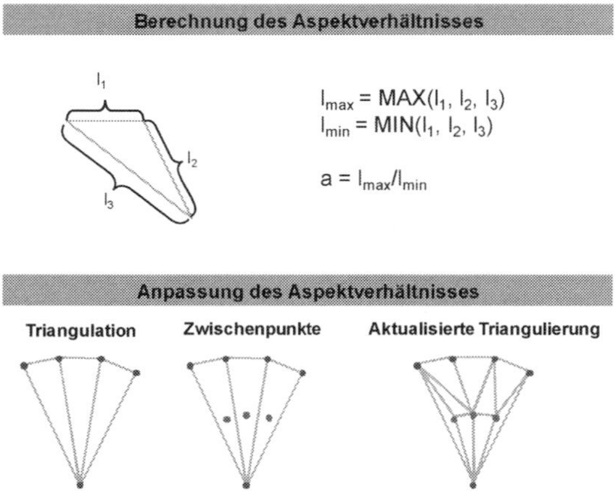

© WZL

Bild 4.11: Adaptives verfeinern der Geometrie
Adaptive Refinement of the Geometry

Ein ausschließliches Einfügen neuer Punkte führt dazu, dass das Modell wächst und die Dreiecke kleiner werden. Sind die Dreiecke zu klein, kann es auch in diesem Fall zu Ungenauigkeiten in den Berechnungen kommen. Es wird also eine Routine notwendig, welche die Triangulation vereinfacht [LUEB02]. Das Prinzip der Vereinfachung stellt **Bild 4.12** dar.

- Sind die Differenzen zwischen den Parametern zu klein, können Berechnungsungenauigkeiten auftreten
- Vereinfachung kann durch Löschen eines Dreiecks oder einer Kante erreicht werden
- Löschen eines Dreiecks:
  - Wenn alle 3 Kanten zu klein sind, wird das Dreieck gelöscht
  - Ein neuer Punkt wird in der Mitte eingefügt
- Löschen einer Kante
  - Wenn eine Kante zu klein ist, wird diese gelöscht
  - Ein neuer Punkt wird in der Mitte der Kante eingefügt

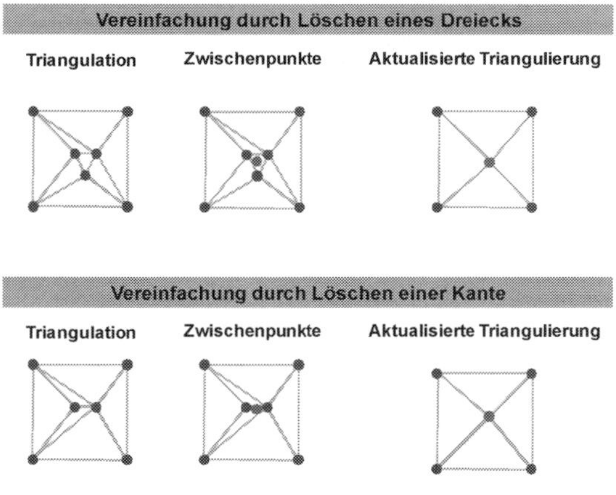

© WZL

Bild 4.12: Vereinfachen der Geometrie
Simplification of the Geometry

Zu kleine Dreiecke treten auf, wenn in der Triangulation die Parameter zwischen den Stützpunkten eine zu kleine Differenz aufweisen. Um an dieser Stelle Ungenauigkeiten der Berechnungen zu vermeiden, müssen Dreiecke oder einzelne Kanten gelöscht werden. Sind alle drei Kanten eines Dreiecks zu klein, so wird das gesamte Dreieck gelöscht. Um die Geometrie nicht zu stark zu verändern, wird dafür ein neuer Punkt eingefügt. Der neue Punkt liegt in der Mitte des zu löschenden Dreiecks. Dadurch wird erreicht, dass die aktualisierte Triangulierung eine einfachere Struktur aufweist. Zusätzlich wird die Anzahl der Stützpunkte um zwei Punkte reduziert. Durch das Einfügen des neuen Punktes wird aber gleichzeitig darauf geachtet, dass die Geometrie nur geringfügig verändert wird, da der Abstand der Parameter der Punkte schon im Bereich der rechnerischen Genauigkeit lag, und somit auch die kartesischen Punkte nahe zusammen liegen. Diese Berechnung orientiert sich momentan nicht an der realen Geometrie des Werkstücks. Eine solche Berücksichtigung ist für die Zukunft aber möglich.

Trotz einer Anpassung des Aspektverhältnisses kann es vorkommen, dass eine einzelne Kante zu klein ist. In diesem Fall wird die Kante aus der Triangulation entfernt. Die beiden Stützpunkte, die in der ursprünglichen Triangulation zu dicht beieinanderlagen, werden zu einem einzigen Punkt reduziert. Auch in diesem Fall wird erreicht, dass die Triangulation vereinfacht wird, ohne die Geometrie zu verfälschen.

Sollen genaue Berechnungsergebnisse erzielt werden, wird eine dynamische Anpassung der Triangulation notwendig. Nur so lassen sich Berechnungsungenauigkeiten vermeiden. Die erläuterten Methoden stellen zwei einfache Verfahren dar, mit denen dieses Ziel effektiv erreicht werden kann.

4.2 Spanbildungskenngrößen

Chip Creation Parameters

Eine wesentliche Zielsetzung der numerischen Analyse von Fertigungsprozessen ist die Berechnung von Spanbildungskenngrößen. Mithilfe der Spanbildungskenngrößen kann die Belastung der Schneidkante durch den Bearbeitungsprozess abgeschätzt werden. Daraus können anschließend Rückschlüsse auf Ursachen für einen frühzeitigen Werkzeugausfall gezogen werden.

Die notwendigen Berechnungen müssen im Simulationsablauf nach der Durchdringungsrechnung durchgeführt werden, da bei der Berechnung der Spanbildungsparameter Informationen aus der Durchdringungsrechnung benötigt werden. Den Ablauf der Berechnung zeigt **Bild 4.13**.

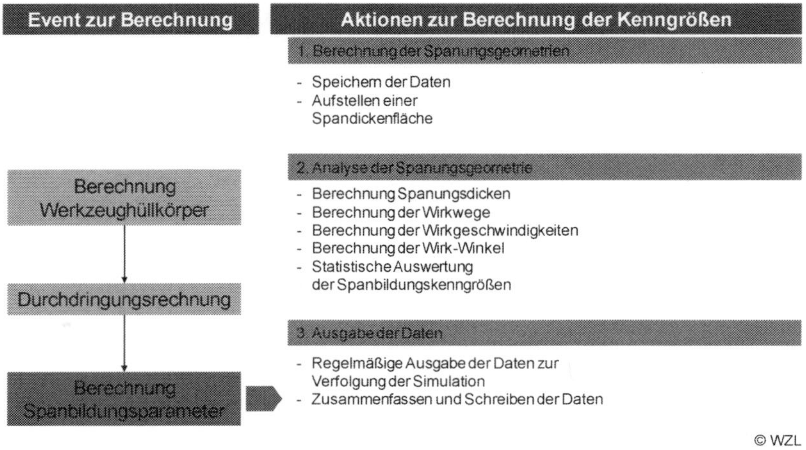

Bild 4.13: Aktionen zur Berechnung der Spanbildungskenngrößen
Steps for Calculating the Chip Creation Parameters

Die wesentlichen Informationen zur Analyse der Eingriffsverhältnisse stammen aus der Durchdringungsrechnung. Damit diese weiter betrachtet werden können, müssen sie in der Simulation abgespeichert werden. Aus den gespeicherten Daten kann dann eine Spanfläche des Werkzeugs aufgestellt werden. Anschließend werden die Spanungsdicken über der abgewickelten Schneidkantenlänge und der Zeit im Fertigungsprozess aufgetragen.

Aus diesen Informationen und den 3 dimensionalen geometrischen Verhältnissen können dann die Spanbildungskenngrößen berechnet werden. Des Weiteren fließen die Spanbildungskenngrößen in eine statistische Auswertung ein.

Die folgenden Kapitel zeigen im Detail, wie die jeweiligen Spanbildungskenngrößen berechnet werden.

4.2.1 Spanungsdicken
Chip Thickness

Nach [KÖNI97, S. 299 f, KIEN52] haben die Spanungsdicken und der Verlauf der Spanungsdicken einen wesentlichen Einfluss auf die Werkzeugbelastung. Allgemein kann gesagt werden, dass je größer die Spanungsdicken sind, desto stärker die Belastung der Schneidkante. Aus diesem Grund stellen die Spanungsdicken einen wesentlichen Parameter zur Analyse der Fertigungsprozesse dar. In **Bild 4.14** wird vorgestellt, wie die Spanungsdicken im Simulationssystem berechnet werden.

- Spanungsdicken h_{cu}
  - Berechnung bei Durchdringung von Werkstück und Werkzeug
  - Berechnung der Spanungsdicken als Abstände der Hüllfläche des Werkzeugs zur Werkstückkontur
  - Bestimmung der Abstände in Normalenrichtung zur Werkstückoberfläche
- Berechnung
  - Länge der Normalen zur Werkstückoberfläche zum Schnittpunkt mit der Werkzeugoberfläche

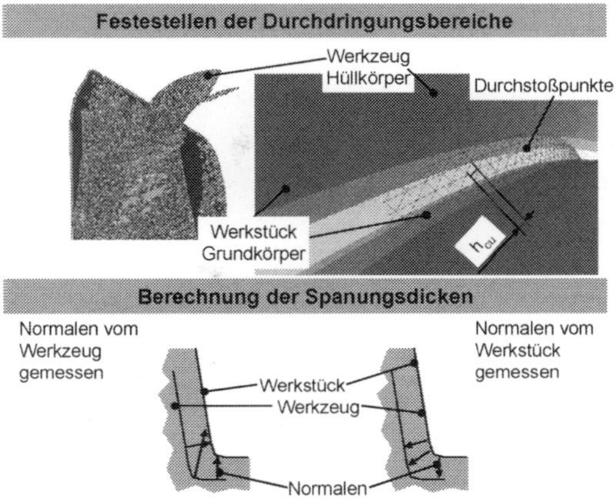

© WZL

Bild 4.14: Berechnung der Spanungsdicke
Calculation of the Chip Thickness

Die Berechnung der Spanungsdicken kann direkt bei der Durchdringungsrechnung erfolgen. Für die Berechnung wird ein Stützpunkt des Werkstücks betrachtet und eine Gerade in Richtung der Normalen aufgestellt. Anschließend wird der Schnittpunkt der Geraden mit der Fläche des Werkzeug gesucht. Der Abstand zwischen Stützpunkt und Schnittpunkt entspricht der Spanungsdicke für den jeweiligen Werkstückpunkt.

Dieser Abstand wird für jeden Punkt der Werkzeugschneide bzw. Werkstück berechnet und ist ein Maß dafür, wie viel Material von diesem Schneidenbereich zerspant wird. Die Problematik bei der Berechnung der Spanungsdicken besteht darin, dass die Normalen sich schneiden können, siehe untere Hälfte von Bild 4.14. Das tritt hauptsächlich auf, wenn die Spanungsdicken in Richtung der Normalen des Werkzeugs vor allem an der Kopfrundung berechnet werden. Der berechnete Abstand ist im Allgemeinen größer und entspricht in diesem Fall nicht der Spanungsdicke. Werden die Abstände im Gegensatz dazu von der Werkstückoberfläche aus gemessen, dann treten keine Überscheidungen der Normalen auf. Der berechnete Abstand entspricht in diesem Fall der Spanungsdicke.

Wird vorerst die Deformation und das Abfließen des Spans über die Spanfläche vernachlässigt, kann mit der Spanungsdicke eine erste Aussage über die Belastung der verschiedenen Bereiche der Werkzeugschneide getroffen werden.

4.2.2 Spanungsbreite

Width of Cut

Neben den Spanungsdicken sind auch die Spanungsbreiten ein wichtiges Maß für die Belastungen an der Schneide. Je breiter ein Span ist, desto größer ist auch die

Belastung an der Schneide. Aus diesem Grund existiert für einfachere Drehverfahren ein Richtwert für die maximale Spanungsbreite [KÖNI97, S. 299]. Weil es sich dabei auch um eine wesentliche Größe zur Beschreibung des Bearbeitungsprozesses handelt, wird diese auch im Simulationssystem berechnet, **Bild 4.15**.

- Spanungsbreiten b
  - Berechnung bei Durchdringung von Werkstück und Werkzeug
  - Berechnung der Spanungsbreiten als Länge der Schneidkante in einer Schneidenebene
- Berechnung
  - Länge der Werkzeug-kontur zwischen den Schnittpunkten mit dem Werkstück

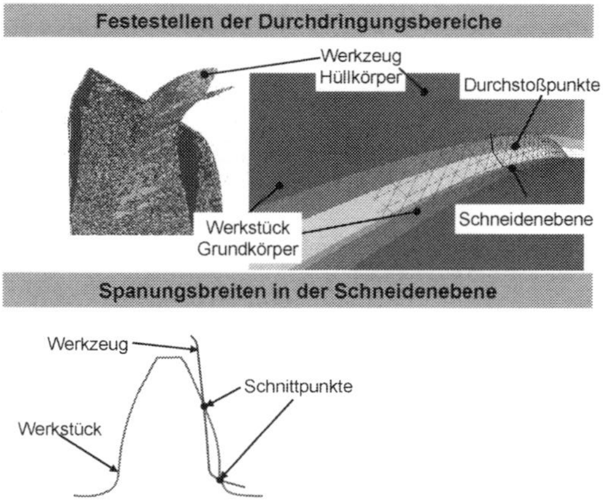

© WZL

Bild 4.15: Berechnung der Spanungsbreite
Calculating the Width of Cut

Die Spanungsbreiten können, ebenfalls wie die Spanungsdicke, direkt mit den Daten aus der Durchdringungsrechnung festgestellt werden. Die Spanungsbreite stellt dabei die Breite des Schneidenbereichs dar, mit dem Werkstückmaterial zerspant wird. Aus diesem Grund müssen alle Punkte auf der Schneide betrachtet werden, die zu einem Zeitpunkt Material zerspanen. Die Länge der Schneidkante, die am Zerspanvorgang teilnimmt, entspricht dann der Spanungsbreite. Ist in einem Bearbeitungsprozess die Spanungsbreite zu groß, kann es zu instabilen Fertigungsprozessen kommen. Im Extremfall kann das sogar zu einem Werkzeugbruch führen.

Berechnet wird die Spanungsbreite, indem alle Punkte, die zu einer bestimmten Zeit Material zerspanen, betrachtet werden. Zusätzlich werden die Schnittpunkte der Werkzeugkontur mit dem Werkstück berücksichtig. Da im Vorfeld der Parameterberechnung eine Fläche über die Spanungsdicken aufgestellt wurde, können die Punkte, bei denen eine Durchdringung auftritt, ebenfalls berechnet werden. Die Spanungsbreite entspricht dann dem aufsummierten Abstand aller Punkte.

4.2.3 Wirkweg

Resultant Cutting Path Length

Auch die Berechnung des Wirkwegs dient der eingehenden Analyse der Fertigungsprozesse. Daraus sollen die wirklichen Bedingungen an der Schneidkante während des Zerspanvorgangs aufgezeigt werden. Diese Bedingungen resultieren, wie in **Bild 4.16** gezeigt, aus der Wirkbewegung und der Wirkgeschwindigkeit, [DIN6580].

- Wirkbewegung
  - Die Bewegung zwischen Werkzeugschneide und Werkstück, die den Zerspanvorgang bewirkt
  - Aus Schnitt- und Vorschubbewebung resultierende Bewegung
- Wirkgeschwindigkeit
  - Die momentane Geschwindigkeit der Wirkbewegung im ausgewählten Schneidenpunkt
- Berechnung
  - Ableitung der kinematischen Kette nach der Zeit
  - Multiplikation der abgeleiteten Transformation mit dem Ortsvektor der Werkzeugschneide

Wirkbewegung beim Gegenlauffräsen

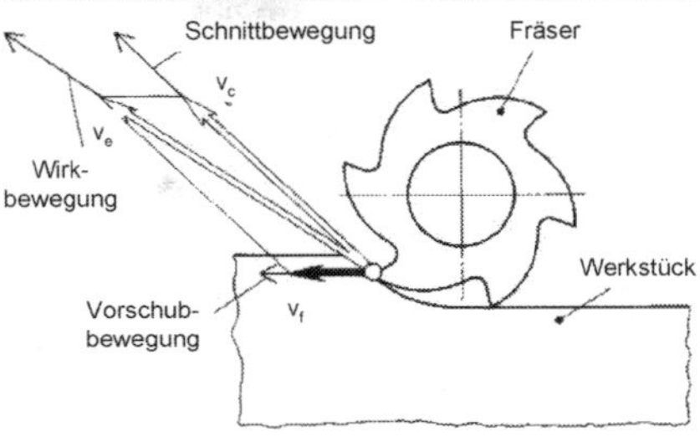

Legende
v_e: Wirkgeschwindigkeit
v_c: Schnittgeschwindigkeit
v_f: Vorschubgeschwindigkeit

Quelle: DIN 6580

© WZL

Bild 4.16: Berechnung der Wirkgeschwindigkeiten
Calculation of the Effective Cutting Velocities

Die Wirkbewegung ist die tatsächliche Relativbewegung zwischen der Werkzeugschneide und dem Werkstück. Diese Bewegung bewirkt den Zerspanvorgang. Sie resultiert aus der Schnittbewegung und der Vorschubbewegung. Damit wird deutlich, dass je nach Richtung und Betrag der Vorschubbewegung die tatsächlich auftretende Wirkbewegung beeinflusst wird. Diese Bewegung ist von verschiedenen Prozesseinstellgrößen abhängig. Dazu zählen beim Kegelradfräsen zum einen die Vorschubgeschwindigkeiten v_f und die Schnittgeschwindigkeiten v_c, zum anderen aber auch weitere kinematische Einstellgrößen, wie zum Beispiel das Fertigungsverfahren selbst (kontinuierlich oder einzelteilend) oder die Verfahrensstrategie (Tauchen oder Wälzen).

Die Wirkgeschwindigkeit v_e resultiert aus der Wirkbewegung. Diese beschreibt die momentane Geschwindigkeit an einem ausgewählten Schneidenpunkt in Bezug auf das Werkstück. Die Wirkgeschwindigkeit kann also für jeden Punkt auf der Werkzeugschneide im Simulationssystem berechnet werden. Dafür wird die Ableitung der kinematischen Kette [BEUL98, KLOC05] in Abhängigkeit von der Zeit berechnet. Wenn dies geschehen ist, kann dann für jeden Punkt an der Werkzeugschneide die Wirkgeschwindigkeit durch eine Multiplikation der berechneten Ableitungsmatrix mit dem Ortsvektor der Schneidenpunkte berechnet werden. Treten beispielsweise sehr große Wirkgeschwindigkeiten zwischen Werkstück und Werkzeug auf, kann davon ausgegangen werden, dass bei der Spanbildung ebenfalls sehr große Umformgeschwindigkeiten auftreten. Dies führt wiederum zu einer sehr großen und variierenden Belastung der Werkzeugschneide, da die Wirkgeschwindigkeiten an den ausgewählten Schneidenpunkten unterschiedlich sein können.

Ein weiteres wesentliches Merkmal zur Analyse eines Fertigungsprozesses ist der Wirkweg l_e. Dieser resultiert aus der Wirkgeschwindigkeit und wird durch die [DIN6580] definiert. Die Zusammenhänge sind in **Bild 4.17** gezeigt.

- Wirkweg
  - Die Summe der Wegelemente, die der ausgewählte Schneidenpunkt durch die Wirkbewegung spanend zurücklegt
  - Resultiert aus dem Arbeitseingriff, dem Schnittweg und dem Vorschubweg
- Berechnung
  - Speichern der Orte, bei denen ein Punkt der Werkzeugschneide im Eingriff ist
  - Addition der Abstände für jeden Schneidenpunkt

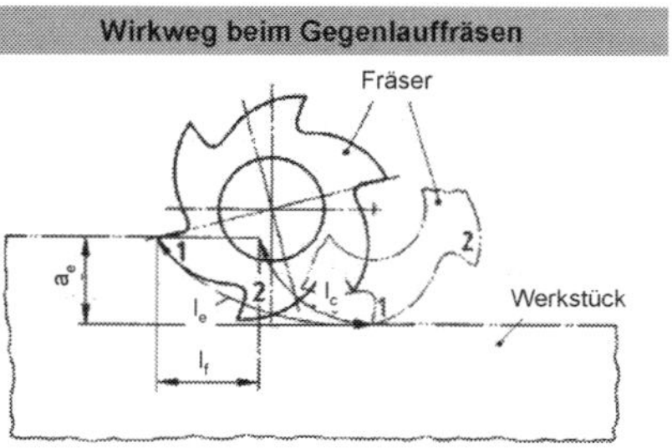

Legende
l_e : Wirkweg
l_f : Vorschubweg
l_c : Schnittweg
a_e : Arbeitseingriff

Quelle: DIN 6580

© WZL

Bild 4.17: Berechnung der Wirkwege
Calculation of the Resultant Cutting Path Length

Der Wirkweg ist als die Summe der Wegelemente definiert, welche der ausgewählte Schneidenpunkt durch die Wirkbewegung spanend zurücklegt. Das bedeutet, dass für jeden Punkt der tatsächliche Weg, der an der spanenden Bearbeitung teilnimmt, gemessen wird. Dieser Weg wird durch die Wirkbewegung bestimmt und setzt sich durch den Vorschubweg und den Schnittweg zusammen. Der Vorschubweg resultiert aus der Vorschubgeschwindigkeit und der Schnittweg resultiert aus der Schnittgeschwindigkeit.

Der resultierende Wirkweg kann ebenfalls zur Analyse des Zerspanvorgangs herangezogen werden, da in Zusammenhang mit den Spanungsdicken das abgetragene Gesamtvolumen einzelner Schneidenbereiche näherungsweise bestimmt werden kann. Zudem haben längere Wirkwege höhere Temperaturen aufgrund von Reibung zwischen der Schneidkante und dem Werkstück zur Folge, was wiederum eine größere Schneidenbelastung darstellt. Daraus geht hervor, dass die Wirklänge eine wichtige Kenngröße zur Bestimmung der Schneidkantenbelastung ist.

4.2.4 Wirk-Winkel

Effective Cutting Blade Angles

Eine detaillierte Analyse des Bearbeitungsprozesses ist auch durch die Betrachtung des Wirk-Freiwinkels möglich. Der tatsächlich im Prozess auftretende Freiwinkel beeinflusst maßgeblich die Standzeit des Werkzeuges. Die Vorgehensweise zur Berechnung der Freiwinkel ist in **Bild 4.18** abgebildet.

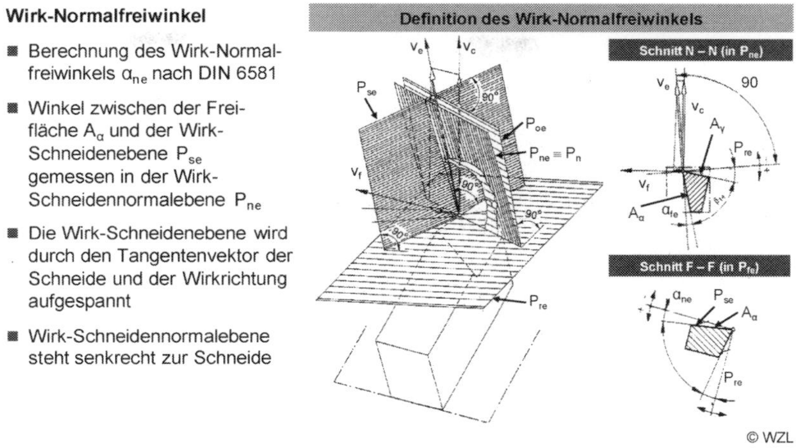

Bild 4.18: Definition des Wirk-Normalfreiwinkels nach DIN 6581
Definition of the Working Clearance Angle by DIN 6851

In den folgenden Beispielen wird der Wirk-Normalfreiwinkel α_{ne} berechnet. Dieser Winkel ist gemäß [DIN6581] der Winkel zwischen der Freifläche A_α und der Wirk-Schneidenebene P_{se} gemessen in der Wirk-Schneidennormalebene. Die Wirkebenen entsprechen den Ebenen im Werkzeug-Bezugssystem, wie auf Seite 9 beschrieben, mit dem Unterschied, dass die Ebenen nicht mit der Schnittgeschwindigkeit, sondern mit der Wirk-Geschwindigkeit aufgestellt werden. Dabei ist zu beachten, dass die Wirk-Schneidennormalebene P_{ne} identisch mit der Schneidennormalenebene P_n ist, und senkrecht zur Schneide steht. Die Wirk-Schneidenebene P_{se} wird tangential durch den ausgewählten Schneidenpunkt und senkrecht zur Wirk-Bezugsebene P_{re} aufgespannt. Die Wirk-Bezugsebene ist eine Ebene durch den ausgewählten Schneidenpunkt und liegt senkrecht zur Wirk-Geschwindigkeit v_e.

Die Betrachtung des Wirk-Freiwinkels ist für die Analyse des Bearbeitungsprozesses von besonderem Interesse. Wird der Winkel während eines Schnittes zu klein, reibt das Werkstück entlang der Freifläche des Werkzeugs. Dadurch wird das Werkzeug geschwächt und die Standzeit vermindert. Ist der Wirk-Freiwinkel jedoch zu groß, verliert die Schneide an Stabilität. Dies führt bei zu hohen Belastungen zum Werkzeugbruch.

Ebenso wie die bereits vorgestellten Wirk-Freiwinkel ändert sich auch der Spanwinkel am Stabmesser mit der tatsächlich im Prozess auftretenden Wirk-Geschwindigkeit v_e. Dieser tatsächlich auftretende Wirk-Spanwinkel hat ebenfalls einen Einfluss auf den Bearbeitungsprozess [KÖNI97, S. 87]. Der Spanwinkel beschreibt, wie stark ein Span durch die Werkzeugschneide umgeformt wird. Damit hat der Spanwinkel direkten Einfluss auf die Spanbildung und auf die resultierende Spanform.

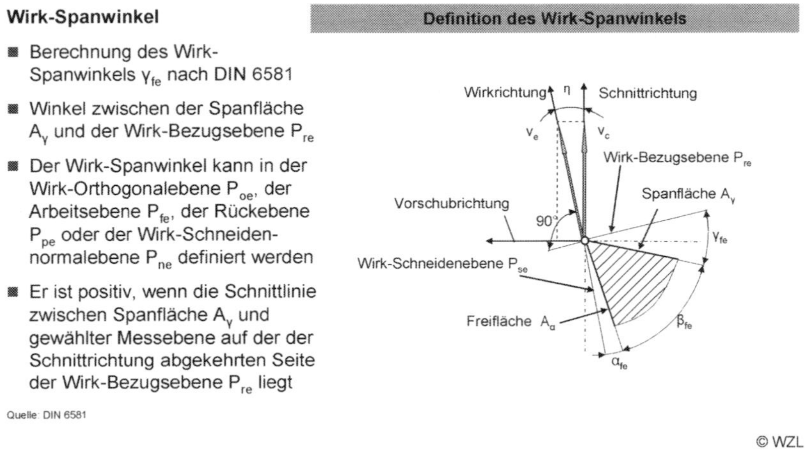

Bild 4.19: Definition des Wirk-Spanwinkels nach DIN 6581
Definition of the Working Rake Angle by DIN 6581

Der Span wird an der Schneidkante durch die Spanfläche umgeformt. Je stärker der Span umgeformt wird, desto größer ist die notwendige Zerspanarbeit, welche sich direkt auf die Prozesskräfte auswirkt. Im Allgemeinen kann gesagt werden, dass mit kleiner werdendem Spanwinkel die Belastung der Schneidkante ansteigt, da der Span stärker verformt wird. Der Wirk-Spanwinkel wird in [DIN6581] definiert. Ebenso wie der Wirk-Freiwinkel wird der Wirk-Spanwinkel in verschiedenen Ebenen gemessen. Beispielhaft zeigt **Bild 4.19** die Definition des Wirk-Spanwinkels in der Arbeitsebene γ_{fe}.

Allgemein wird der Wirk-Spanwinkel zwischen der Spanfläche A_γ und der Wirk-Bezugsebene P_{re} gemessen. Die Wirk-Bezugsebene ist eine Ebene durch den gewählten Schneidenpunkt senkrecht zur Wirkgeschwindigkeit v_e. Das bedeutet, dass die Wirk-Bezugsebene durch die aktuelle, tatsächlich auftretende Geschwindigkeit, bestehend aus der Schnittgeschwindigkeit v_c und der Vorschubgeschwindigkeit v_f, aufgespannt wird.

Bei der Betrachtung der gesamten Schneidkante können sich die Richtungen zwischen Wirkgeschwindigkeit und Spanfläche ändern. Das bedeutet, dass nicht sicher gesagt werden kann, in welcher Richtung der Winkel zwischen den Ebenen gemessen wurde. Zudem kann sich die Richtung, in der der Wirk-Spanwinkel gemessen wird, noch über die Länge der Schneidkante ändern, sodass keine einheitliche Grundlage gegeben werden kann. Aus diesem Grund wird der Wirk-Spanwinkel nach [DIN6581] in fest definierten Ebenen gemessen. Der Wirk-Spanwinkel kann ebenso wie der Wirk-Freiwinkel in der Wirk-Orthogonalebene P_{oe}, der Arbeitsebene P_{fe}, der Wirk-Rückebene P_{pe} oder der Wirk-Schneidennormalebene P_{ne} definiert werden.

Die Arbeitsebene ist nach [DIN6580] eine Ebene durch den ausgewählten Schneidenpunkt, die die Schnittrichtung und die Vorschubrichtung enthält. Die Arbeitsebene kann also als die Ebene bezeichnet werden, in der die Bearbeitung mit Vorschub und Schnittgeschwindigkeit abläuft. Die Wirk-Schneidennormalebene ist identisch mit der Werkzeug-Schneidennormalebene P_n. Das bedeutet, dass diese Ebenen sich aufgrund der Wirkgeschwindigkeit nicht verschieben, und somit im Werkzeug-Bezugssystem und im Wirk-Bezugssystem gleich sind. Das erleichtert die Vorstellung, da die Winkel dann fest im Raum definiert sind.

4.2.5 Zerspankräfte

Cutting Forces

Aus dem Verlauf der Spanungsdicken und den Wirkgeschwindigkeiten können weitere Spanbildungsparameter abgeleitet werden. So ist es zum Beispiel möglich, die Zerspankräfte zu berechnen. Mithilfe der Zerspankräfte kann eine Aussage über die tatsächlich an der Schneidkante auftretenden Belastungen gemacht werden. Das Prinzip der Berechnung der Zerspankräfte ist in **Bild 4.20** gezeigt.

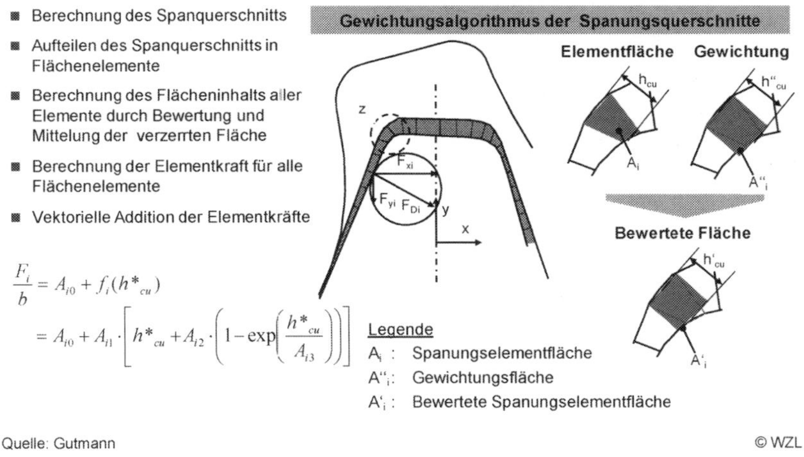

Bild 4.20: Berechnung der Zerspankräfte, [GUTM88]
Calculation of the Cutting Forces

Für die Berechnung der Zerspankräfte wird der Ansatz nach Gutmann [GUTM88] gewählt. Dieser hat sich als besonders geeignet für Mehrflankenspäne erwiesen. Bei der Berechnung wird eine mögliche Stauchung an den Radien des Werkzeugs ebenfalls berücksichtigt.

Damit ergibt sich folgender Ablauf für die Berechnung der Zerspankräfte. Zunächst wird der Spanungsquerschnitt zu einem definierten Zeitpunkt benötigt. Dieser ist aus der Durchdringungsrechnung bekannt. Zusätzlich wird der Spanungsquerschnitt in gleich verteilte Flächenelemente unterteilt. Daraus entstehen trapezförmige Flächen. Weil die Flächen gleich verteilt sind, besitzen die Trapeze entlang der Werkzeugschneide jeweils die gleiche Länge. Das Gleiche trifft für die Länge entlang der Werkstückkontur zu. Je stärker ein Trapez verformt ist, desto schwieriger wird die Umformarbeit bei der Spanbildung. Diese Fläche wird Gewichtungsfläche genannt. Aus dem Flächeninhalt der Elementfläche und der Gewichtungsfläche wird die bewertete Spanungselementfläche berechnet. Diese kann dann wiederum herangezogen werden, um die bezogene Elementkraft zu berechnen. Dafür wurde ein exponentieller Ansatz gewählt [GUTM88].

Die einzelnen Elementkräfte liegen als Schnitt- und die Drangkraftkomponenten vor. Um die Kräfte analysieren zu können, müssen diese Komponenten in das übergeordnete Werkzeugkoordinatensystem mit x-, y- und z-Komponenten transformiert werden. Ist dies geschehen, können die Elementkräfte zu einer Gesamtkraft der Werkzeugschneide vektoriell addiert werden.

4.2.6 Statistische Auswertung der Spanbildungskenngrößen

Statistical Analysis of the Chip Creation Parameters

Bei den Simulationen können je nach Fertigungsprozess eine Vielzahl an Daten berechnet werden. Jedoch erscheint eine Analyse eines Fertigungsprozesses durch die Betrachtung aller Spanungsdicken als nicht zielführend. Da für ein Stabmesser zu viele Spanungsdicken berechnet wurden, können bei einer manuellen Analyse einzelne Effekte übersehen werden.

Aus diesem Grund wird eine zusätzliche statistische Analyse durchgeführt. Eine solche Analyse hat das Ziel, alle berechneten Informationen zusammenzufassen. Ein erster Schritt besteht in der Analyse, wie häufig unterschiedliche Parameter, z. B. konstante. Spanungsdicken, in der Simulation auftreten. Je nach Lage und Verteilung kann ein Fertigungsprozess dann einfacher klassifiziert werden. Da in realen Fertigungsprozessen immer Streuungen auftreten, kann eine statistische Auswertung bei der Analyse der Prozesse helfen. Also wird durch die Statistik eine Prozessauslegung und Fähigkeitsuntersuchung ermöglicht [SCHM07a]. Die Häufigkeit und die Verteilung einzelner berechneter Kennwerte beschreibt ein Histogramm [BOLG04, S. 25-62], vgl. **Bild 4.21**.

Ein Histogramm beschreibt allgemein die Häufigkeitsverteilung von Messwerten. Das bedeutet, dass in einem Diagramm die Häufigkeit für einen Messwert aufgetragen wird. Da die Messwerte sehr unterschiedliche Werte aufweisen können, werden sie in Klassen zusammengefasst. Ein Messbereich kann also in eine bestimmte Anzahl von Klassen aufgeteilt werden. Je mehr Messwerte vorliegen, desto mehr Klassen sollten benutzt werden. Eine Empfehlung für die Anzahl der Klassen nach [NN07f] ist dem Bild zu entnehmen.

- Beschreibt die Häufigkeitsverteilung von Messwerten
- Wird angegeben durch
  - H_i: Absolute Häufigkeit
  - h_i: Relative Häufigkeit
  - p: Zahl der Klassen
  - b_i: Klassenbreite
  - r_i: Rechteckhöhe
- Die Zahl der Klassen ist abhängig von den Messwerten
- Über jeder Klasse wird ein Rechteck erstellt, dessen Fläche proportional zur klassenspezifischen Häufigkeit ist.

Aufstellen eines Histogramms

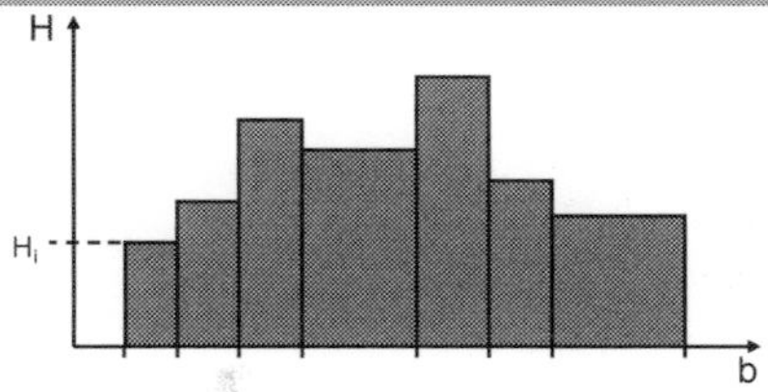

Anzahl der Messungen	Zahl der Klassen p
<50	5 bis 7
50 bis 100	6 bis 10
100 bis 250	7 bis 12
>250	10 bis 30

$$h_i = \frac{H_i}{\sum_{j=1}^{p} H_j}$$

$$r_i = \frac{h_i}{b_i}$$

Bild 4.21: Berechnung eines Histogramms
Calculation of a Histogram

Die Beschreibung der Häufigkeitsverteilung kann mit der absoluten Häufigkeit vorgenommen werden. Zusätzlich kann auch eine relative Häufigkeit bestimmt werden. Im Allgemeinen kann es auch vorkommen, dass die unterschiedlichen Klassen in einem Histogramm eine unterschiedliche Breite aufweisen. In einem solchen Fall kann die Betrachtung der absoluten oder relativen Häufigkeiten zu Verzerrungen führen. Dann muss die Rechteckhöhe betrachtet werden. Diese berechnet sich aus dem Verhältnis von der relativen Häufigkeit zur Klassenbreite. Da in den hier vorliegenden Untersuchungen aber nur Histogramme mit derselben Breite betrachtet werden, wird nur die absolute Häufigkeit betrachtet.

Wenn alle Messwerte aufgetragen sind, ergibt sich die Häufigkeitsverteilung. Die Häufigkeitsverteilung kann verschiedene Verläufe annehmen. Anhand dieser Verläufe lassen sich erste Aussagen über die Prozesse treffen. Die bekannteste Verteilung ist die Gaußverteilung (oder auch Glockenverteilung), [BALL05, S. 74 f]. Bei ihr tritt eine symmetrische Verteilung der Messwerte auf. Bei einer solchen Verteilung sollte eine Analyse nach dem zeitlichen Verlauf durchgeführt werden. Aber auch andere Verläufe sind denkbar, [SCHM07b]. So kann auch eine Verteilung mit zwei Gipfeln auftreten. Dies ist im Allgemeinen ein Anzeichen für überlagerte Einflüsse. Schließlich kann, wie im Bild gezeigt, eine flache Verteilung auftreten. Diese Verteilung ist in der Regel ein Anzeichen für ungleiche Randbedingungen im Prozess.

Der zuvor geschilderte Kurvenverlauf kann aber auch mit Kennwerten quantifiziert werden. Dafür existieren unterschiedliche Arten von Kennwerten. Es gibt Kennwerte, welche die Lage der Kurve oder die Streuung der Messwerte beschreiben [BOLG04, S. 63-90]. Die bekanntesten Kennwerte zur Beschreibung der Lage von Spanungsdicken sind die maximale und die mittlere Spanungsdicke. Im Gegensatz dazu beschreiben die Varianz und die Standardabweichung die Streuung der Spanungsdicken im Fertigungsprozess. Die Berechnung und Bedeutung dieser Kennwerte wird in **Bild 4.22** verdeutlicht.

- Maximale Spanungsdicken
  - Das Maximum aller auftretenden Spanungsdicken
- Mittlere Spanungsdicken
  $\bar{d} = \frac{1}{n}\sum_{i=1}^{n} d_i$
- Varianz der Spanungsdicken
  $\sigma^2 = \frac{1}{n}\sum_{i=1}^{n}(d_i - \bar{d})^2$
- Standardabweichung
  $\sigma = \sqrt{\frac{1}{n}\sum_{i=1}^{n}(d_i - \bar{d})^2}$

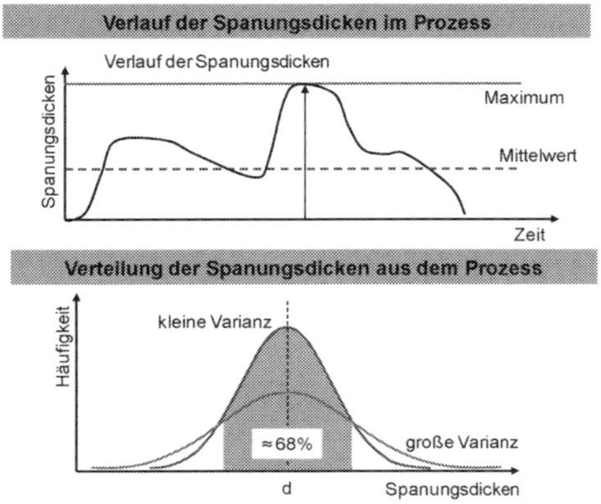

© WZL

Bild 4.22: Statistische Auswertung der Spanungsdicken
Statistical Analysis of the Chip Thickness

Jeder einzelne Span kann über das Versagen des Werkzeuges entscheiden. Das trifft besonders dann zu, wenn die maximale Spanungsdicke sehr groß ist. Daraus lässt sich schließen, dass ein Versagen durch Werkzeugbruch folgt. Berechnet wird die maximale Spanungsdicke, indem das Maximum über alle berechneten Spanungsdicken im Bearbeitungsprozess für jede Schneide des Werkzeuges gebildet wird.

Im Gegensatz dazu gibt die mittlere Spanungsdicke Informationen über die durchschnittlich im Bearbeitungsprozess an einem ausgewählten Schneidenpunkt vorliegende Belastung. Wenn z. B: durch die Spanungsdicken eine entsprechende Belastung hervorgerufen wird, dann wird die Zeitfestigkeit dadurch beansprucht, und kann nach Überschreiten einer gewissen Anzahl von Lastwechseln zum Versagen führen. Berechnet werden kann die mittlere Spanungsdicke, indem das arithmetische Mittel für jede berechnete Spanungsdicke an jedem Schneidenpunkt berechnet wird.

Diese beiden Spanbildungskenngrößen liefern bereits sehr wichtige Informationen für die Analyse des Bearbeitungsprozesses. Wenn nun aber auch die Informationen für den gesamten Verlauf der Spanungsdicken benötigt wird, muss die Standardabweichung σ und die Varianz σ^2 berechnet werden. Diese geben Auskunft darüber, wie die Verteilung der Spanungsdicken ist. Bei dieser statistischen Analyse, wird eine Gaußverteilung [BOLG04] der Messwerte angenommen. Die Standardabweichung beschreibt dann den Bereich um den Mittelwert der Verteilung, in dem etwa 68 % aller gemessenen Werte liegen. Sie ist also ein wichtiges Maß für die Streubreite der

Messwerte. Wenn eine kleine Streuung vorliegt, also ein kleines σ für den Prozess existiert, liegt eine gute Reproduzierbarkeit vor [LUNA06, S. 250-259]. In Kombination mit der gegebenen Toleranz wird die Prozessfähigkeit abgeleitet. Die Varianz kann als Quadrat der Standardabweichung berechnet werden. Sie gibt jedoch eine andere Information über die Verteilung der Messwerte. Die Varianz wird als Streuungsmaß bezeichnet. Das bedeutet, dass sie darüber Auskunft gibt, inwieweit die Messwerte maximal von dem Mittelwert abweichen. Es kann also zusammenfassend gesagt werden, dass die Varianz die Breite der Normalverteilung angibt, wohingegen die Standardabweichung die Bauchigkeit definiert.

Für die hier vorliegende Problemstellung kann zum Beispiel die mittlere Spanungsdicke in einem günstigen Bereich liegen. Aber durch eine große Streuung, die durch die Standardabweichung oder Varianz beschrieben wird, können viele kleine oder große Spanungsdicken auftreten. Diese wiederum können dann selbst eine Ursache für ein vorzeitiges Versagen sein.

Alle Spanungsdicken, welche in einem Fertigungsprozess auftreten, sind ein wichtiges Indiz für die Belastung der Schneidkante. Durch eine statistische Auswertung kann das gesamte Kollektiv der Spanungsdicken angegeben werden. Damit wird es möglich, einen ersten Eindruck des Lastkollektivs auf die Werkzeugschneide zu bekommen, da in einem komplexen System nicht allein die maximalen Spanungsdicken, sondern das gesamte Kollektiv der Belastungen entscheidend ist [GASS84].

5 Verifikation und Prozessanalyse

Verification and Process Analysis

In diesem Kapitel werden das Simulationssystem mitsamt der berechneten Kenngrößen anhand verschiedener Prozesse vorgestellt. Mit diesen Ergebnissen soll eine mögliche Vorgehensweise bei der Auswertung der Spanbildungskenngrößen präsentiert werden. Des Weiteren soll eine Basis für ein Prozessverständnis beim Kegelradfräsen geschaffen werden. Ein wichtiger Schritt dafür ist die Verifikation der berechneten Spanbildungskenngrößen. Um diese Ziele zu erreichen, wird in einem ersten Schritt ein Tauchprozess simuliert.

5.1 Analytische Betrachtungen bei einem Tauchprozess

Analytical Examination of a Plunge Process

Für die Berechnung der Spanbildungskenngrößen ist im ersten Schritt ein Tauchprozess eines Kegelrades gewählt worden. Bei einem Tauchprozess sind die Zusammenhänge zwischen der Prozesskinematik und den Spanbildungskenngrößen einfacher zu bestimmen, da kein Wälzvorschub vorhanden ist, welcher zu veränderlichen Spanungsdicken über die Zeit führen würde. Der Bearbeitungsprozess ist ein gerader Tauchprozess, bei dem in der mittleren Wälzposition α_m = 65,32° eingestochen wurde, **Bild 5.1**.

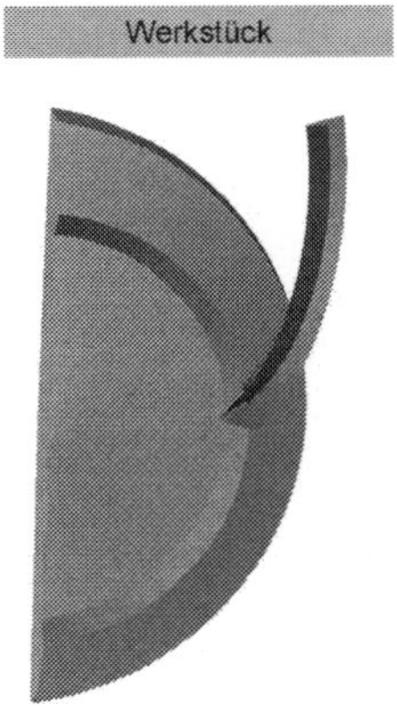

- Prozessdaten:
  - Einfach tauchender Prozess
  - Tauchen bei mittlerer Wälzposition α_m = 65,3195°
- Werkzeugdaten: ARCON II 14-6" R
  - Stabmesser:
    - h = 13,58 mm
    - r_{H0} = 1,143 mm
    - α_{fx} = 30,74° α_{fv} = 8,31°
    - w = 1,193 mm
- Werkstückdaten:
  - z = 37
  - m_{nm} = 4,138 mm
  - β_m = 29,94°
  - d_{ae} = 212,2 mm

© WZL

Bild 5.1: Simulationsdaten des Tauchprozesses
Simulation Data for the Plunge Process

Das Werkzeug ist ein einzelteilender rechtsgängiger Messerkopf. Die Profilhöhe der Stabmesser beträgt h = 13,58 mm. Der Profilwinkel der konvexen Seite (Innenmesser) liegt bei α_{fx} = 30,74° und der konkaven Flanke (Außenmesser) bei α_{fv} = 8,31°.

Bei dem Werkstück handelt es sich um ein Tellerrad mit der Zähnezahl z = 37. Der mittlere Normalmodul beträgt m_{nm} = 4,138 mm und der Spiralwinkel β_m = 29,94°.

Für diesen einfachen Bearbeitungsprozess können die maximal auftretenden Spanungsdicken mit einfachen Formeln abgeschätzt werden. Die in diesem Kapitel simulierten Spanbildungskenngrößen werden mit den einfachen Berechnungen verglichen, um sie damit zu verifizieren. Die Spanungsdicke lässt sich direkt aus dem Vorschub ableiten:

$$h_{cu,\max} = \frac{f}{n}$$ Formel 5.1

Der Vorschub f wird in mm pro Werkzeugumdrehung angegeben. Da am Umfang des Messerkopfes die Stabmesser gleichmäßig verteilt sind, ergibt sich das zu zerspanende Material für jedes Stabmesser, indem der Vorschub durch die Anzahl der Stabmesser n dividiert wird. Hierbei handelt es sich um die Kopfspanungsdicke $h_{cu,max}$.

Ebenso wie die Spanungsdicke, kann auch die Wirklänge aufgrund der Messerkopf- und Werkstückgeometrie abgeschätzt werden. Die Wirklänge ergibt sich aus der maximalen Werkstückbreite und der Länge der Werkzeugbahn. Die maximale Werkstückbreite liegt am Fußkegel vor und beträgt in diesem Fall b = 43,75612 mm. Die Länge der Werkzeugbahn lasst sich dann vereinfacht nach oben mittels der Verzahnungsbreite und des Spiralwinkels β_m abschätzen:

$$l_e = \frac{b}{\cos(\beta_m)}$$ Formel 5.2

- Werkstückdaten
  - z = 37
  - m_{nm} = 4,138 mm
  - β_m = 29,94°
  - d_{ae} = 212,2 mm
- Werkzeugdaten
  - h = 13,58 mm
  - r_{H0} = 1,143 mm
  - α_{fx} = 30,74° α_{fv} = 8,31°
- Prozessdaten
  - Gerades Tauchen bei α_m = 65,3195°
  - Außenschneider
  - Ende des Tauchens

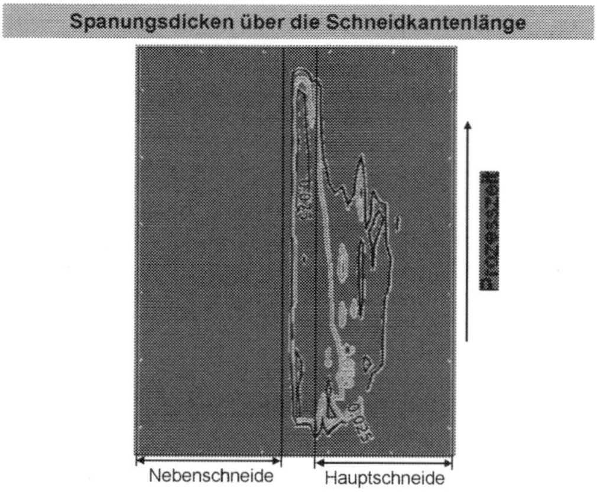

© WZL

Bild 5.2: Unverformter Span beim Vorschub f = 0,15 mm
Unwound Chip at a Plunge Feed of f= 0.15 mm

Bei dieser Formel handelt es sich nur um eine sehr grobe, aber dafür auch sehr einfache und nachvollziehbare Abschätzung der maximalen Wirklängen l_e. Die angegebenen Abschätzungen sind nur für einen geraden Tauchprozess anwendbar und können nicht auf einen modifizierten Tauchprozess oder einen wälzenden Bearbeitungsprozess angewandt werden.

Der Abgleich der Simulationen soll zunächst anhand der Spanungsdicken geschehen. Es wurde ein Tauchprozess mit einem Vorschub pro Messergruppe von f = 0,15 mm und einer Schnittgeschwindigkeit von v_c = 280 mm/min simuliert. Beispielhaft sind in **Bild 5.2** für diesen Bearbeitungsprozess die Spanungsdicken für einen Außenschneider aufgetragen.

In dem Diagramm sind die Spanungsdicken über der abgewickelten Schneidkantenlänge und der Prozesszeit dargestellt. Das Diagramm zeigt exemplarisch die Kontur eines unverformten Spans in der Draufsicht. Die Bereiche des Stabmessers, wie Haupt- und Nebenschneide, sind zur besseren Orientierung ebenfalls eingezeichnet. Die zweite Achse entspricht der Prozesszeit, zu welcher der Schnitt des Spanquerschnitts erfolgte. Die Prozesszeit ist damit analog zur Position in Breitenrichtung der Verzahnung. Anhand dieser Darstellung sollen beispielhaft die Ergebnisse der Simulation in Bezug auf die Spanungsdicken gezeigt werden. Deswegen handelt es sich um einen Span gegen Ende des Tauchprozesses.

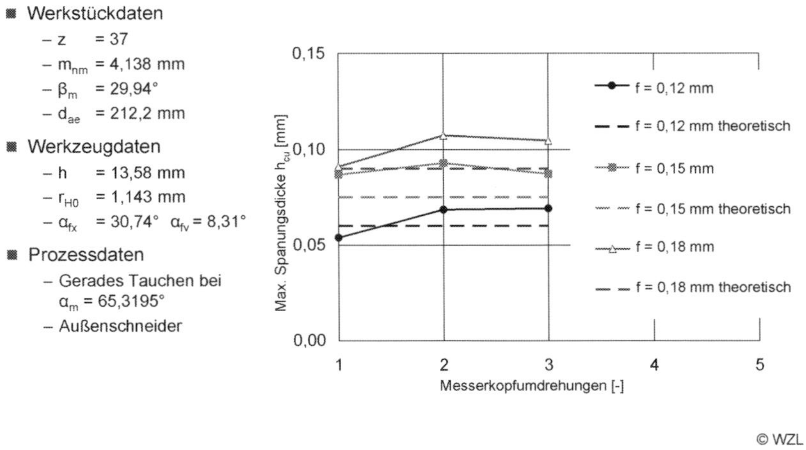

Bild 5.3: Verlauf der Spandicken über die Tauchtiefe für verschiedene Vorschübe
Development of the Chip Thickness over the Plunge Depth for different Feed Rates

Wie im linken Teil des Diagramms zu erkennen ist, wird auf der Nebenschneide kein Span erzeugt. Da es sich um den Außenschneider handelt, kann in diesem Bereich auch keine Durchdringung auftreten. In der Mitte des Diagramms befindet sich der Kopf des Stabmessers. Hier treten die größten Spanungsdicken auf. Diese liegen etwas höher als h_{cu} = 0,075 mm. Das ist minimal größer als theoretisch durch den halben Vorschub bestimmt. Da die einzelnen Stabmesser voll ausgerundet sind, bleibt noch immer etwas Material vom Innenschneider stehen, das beim nächsten Schnitt zusätzlich zerspant werden muss. An der Flanke geht die Spanungsdicke auf h_{cu} = 0,025 mm zurück. Das entspricht auch etwa dem Betrag der Kopfspanungsdicke unter Berücksichtigung des Flankenwinkels.

Da es sich bei dem simulierten Bearbeitungsprozess um einen geraden Tauchprozess handelt, ist die maximale Spanungsdicke allein vom Vorschub abhängig. Das bedeutet, dass die Spanungsdicke über der Tauchtiefe konstant bleiben soll und sich nur mit dem Vorschub ändert. Den Verlauf der maximalen Spanungsdicken über die Anzahl der Messerkopfumdrehungen für unterschiedliche Vorschübe aus der Simulation zeigt **Bild 5.3**.

Neben den maximalen Spanungsdicken sind auch die analytischen Spanungsdicken, wie in Formel 5.1 berechnet, in Bild 5.3 aufgetragen. Es ist zu erkennen, dass die simulierten maximalen Spanungsdicken in etwa denen entsprechen, welche aus dem Vorschub abgeschätzt wurden. Wie bereits in Bild 5.2 zu erkennen war, liegen auch in diesem Fall für alle Vorschübe die maximalen Spanungsdicken oberhalb des theoretisch abgeschätzten Wertes. Wie bereits erläutert, lässt sich diese Abweichung durch die Vollausrundung der Stabmesser und die Eingriffsverhältnisse der nacheinander schneidenden Stabmesser erklären. Im Bearbeitungsprozess müssen aufgrund der Bewegung und der Positionierung die Stabmesser jeweils noch Material zerspanen, welches vom vorangegangenen Stabmesser nicht zerspant wurde. Bei den ersten in dem Diagramm aufgetragenen Punkten handelt es sich um die ersten im Prozess simulierten Späne. So lässt sich auch erklären, weshalb die Spanungsdicken im ersten Schnitt etwas kleiner sind. Da die Simulation ebenso wie ein realer Fertigungsprozess nicht direkt im Kontakt des Werkzeugs mit dem Werkstück steht, sondern einen Abstand aufweist, muss dieser zunächst überwunden werden. Dieser zusätzliche Abstand verhindert, dass schon beim ersten Schnitt die gesamte maximale Spanungsdicke erreicht wird. Damit kann nachgewiesen werden, dass der Einfluss der Vorschubgeschwindigkeit, und damit des gesamten Kinematikmodells, korrekt in der Simulation berücksichtigt wird.

Um das berechnete geometrische Modell von Werkstück und Werkzeug in Kombination mit dem Kinematikmodell weiter zu bestätigen, sollen im Folgenden die Wirklängen der Schneidkante für die Zerspanung betrachtet werden. Die Wirklängen sind über die Tauchtiefe in **Bild 5.4** aufgetragen.

Im Diagramm sind für unterschiedliche Tauchtiefen die Wirklängen über die bezogene Schneidkantenlänge aufgetragen. Auf der Abszisse ist also die abgewickelte Schneidkantenlänge aufgetragen. Aus dem Verlauf der Wirklänge über der Tauchtiefe lässt sich erkennen, dass mit zunehmender Tauchtiefe auch die Wirklängen größer werden. Bei der Verzahnung handelt es sich um ein Kegelrad mit veränderlicher Zahnhöhe in Breitenrichtung. Das bedeutet, dass erst bei voller Tauchtiefe die gesamte Zahnbreite bearbeitet wird. Dieser Zusammenhang ist links unten im Diagramm symbolisch dargestellt. Aus dem einfachen Zusammenhang der Länge aus

Formel 5.1 lässt sich abschätzen, dass die maximale Wirklänge unterhalb von l = 47 mm liegen muss. Dieser Zusammenhang trifft auch auf die simulierten Wirklängen zu. Nachdem für die ersten Schnitte die Wirklänge stark ansteigt, bleibt sie für die letzten Schnitte nahezu konstant und liegt unterhalb der theoretisch abgeschätzten Grenze.

- Werkstückdaten
  - $z = 37$
  - $m_{nm} = 4,138$ mm
  - $\beta_m = 29,94°$
  - $d_{ae} = 212,2$ mm
- Werkzeugdaten
  - $h = 13,58$ mm
  - $r_{H0} = 1,143$ mm
  - $\alpha_{fx} = 30,74°$ $\alpha_{fv} = 8,31°$
- Prozessdaten
  - Gerades Tauchen bei $\alpha_m = 65,3195°$
  - Außenschneider

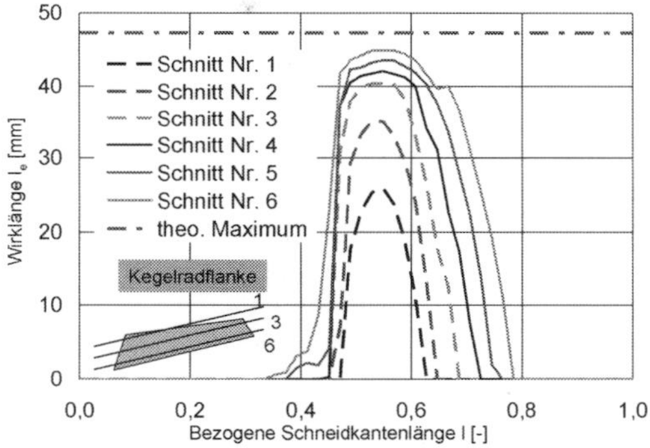

© WZL

Bild 5.4: Wirklänge in Abhängigkeit von der Tauchtiefe
Resultant Cutting Path Length over Plunge Depth

- Werkstückdaten
  - $z = 37$
  - $m_{nm} = 4,138$ mm
  - $\beta_m = 29,94°$
  - $d_{ae} = 212,2$ mm
- Werkzeugdaten
  - $h = 13,58$ mm
  - $r_{H0} = 1,143$ mm
  - $\alpha_{fx} = 30,74°$ $\alpha_{fv} = 8,31°$
- Prozessdaten
  - Gerades Tauchen bei $\alpha_m = 65,3195°$
  - Außenschneider

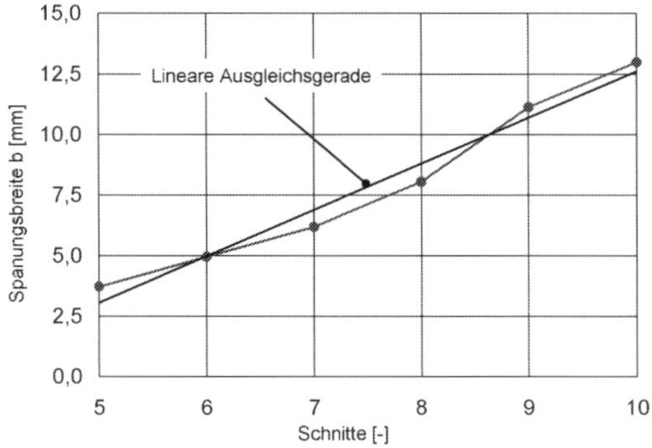

© WZL

Bild 5.5: Spanungsbreite in Abhängigkeit von der Tauchtiefe
Chip Width over the Plunge Depth

Aus dem Verlauf der Kurven lässt sich ebenfalls ablesen, dass mit zunehmender Tauchtiefe größere Bereiche der Schneidkante Material zerspanen. Die Veränderung der Spanungsbreite über die Tauchtiefe ist in **Bild 5.5** detaillierter aufgetragen.

Im Diagramm sind die Spanungsbreiten über verschiedene Positionen im Bearbeitungsprozess dargestellt. Es ist zu erkennen, dass die Tauchtiefe ausgehend von einem minimalen Wert nahezu linear zunimmt. Da der Tauchvorschub für diesen Tauchprozess als konstant vorgegeben wurde, muss auch die Spanungsbreite linear zunehmen, da das Stabmesser mit konstanter Geschwindigkeit tiefer eintaucht. Die leichten Abweichungen zu der linearen Ausgleichsgeraden lassen sich durch die Diskretisierung der Schneidkante erklären. Da die Schneidkante für die Berechnung in konstante Bereiche unterteilt wurde, kommen immer mehr Punkte in Kontakt, daher treten die Abweichungen in der Spanungsbreite auf.

Wie bereits in Kapitel 4.2.4 erwähnt, ist das Simulationsmodell auch in der Lage, die Wirk-Winkel zu berechnen. Aus diesem Grund werden im Folgenden für den Bearbeitungsprozess die berechneten Wirk-Winkel vorgestellt.

Zunächst wird auf die Wirk-Freiwinkel eingegangen. In **Bild 5.6** sind deshalb die Wirk-Normalfreiwinkel und die Wirk-Seitenfreiwinkel über die bezogene Schneidkantenlänge aufgetragen.

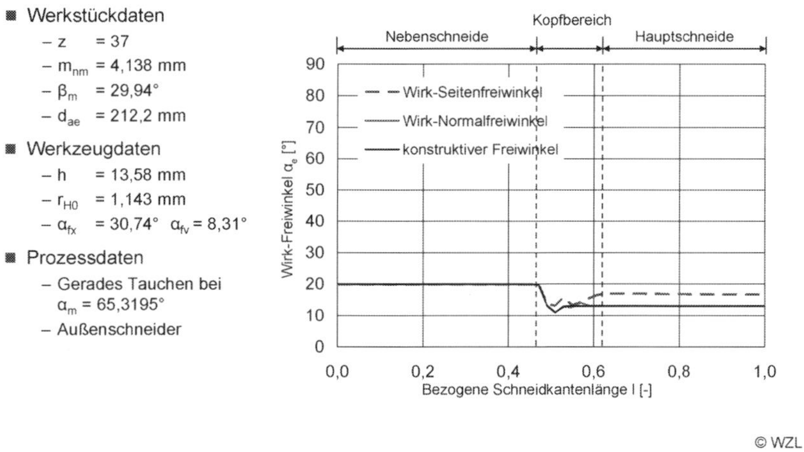

Bild 5.6: Wirk-Freiwinkel über die Schneidkantenlänge
Working Clearance over Unwound Cutting Edge

In dem Diagramm sind auch die konstruktiven Freiwinkel dargestellt. In diesem Fall handelt es sich um ein Stabmesser, das an der Nebenschneide (linker Teil) einen Freiwinkel von α = 20° aufweist. Im Bereich der Kopfschneide verringert sich der Freiwinkel auf 10°. An der Hauptschneide, im Bereich des kleinen Flankenwinkels am Stabmesser, weist der Freiwinkel dann einen Betrag von 13° auf. Die berechneten Wirk-Normalfreiwinkel sind nahezu identisch mit den konstruktiven Freiwinkeln.

Daraus lässt sich ablesen, dass die Vorschubgeschwindigkeiten keinen großen Einfluss auf die Wirkgeschwindigkeiten und damit auch auf den Wirk-Normalfreiwinkel haben.

Der Verlauf des Wirk-Seitenfreiwinkels zeigt auf der Nebenschneide nur einen geringen Einfluss der Vorschubgeschwindigkeit. Auf der Nebenschneide liegt er in der gleichen Größenordnung wie der Wirk-Normalfreiwinkel und der konstruktive Freiwinkel. Im Bereich des Kopfes des Stabmessers tritt allerdings ein Sprung im Verlauf auf. Der Wirk-Seitenfreiwinkel wird, ebenso wie der konstruktive Freiwinkel, kleiner, ist vom Betrag aber größer als der konstruktive Freiwinkel. Auf der Hauptschneide verläuft der Wirk-Seitenfreiwinkel nahezu konstant, ist vom Betrag aber immer noch größer als der konstruktive Freiwinkel. Der berechnete Freiwinkel liegt bei etwa 16°, also ungefähr 3° oberhalb des konstruktiven Freiwinkels.

Ebenso wie die Wirk-Freiwinkel wurden für den gegebenen Bearbeitungsprozess die Wirk-Spanwinkel berechnet. Den Verlauf des Wirk-Seitenspanwinkels und des Wirk-Normalspanwinkels zeigt **Bild 5.7**.

- Werkstückdaten
  - z = 37
  - m_{nm} = 4,138 mm
  - β_m = 29,94°
  - d_{ae} = 212,2 mm
- Werkzeugdaten
  - h = 13,58 mm
  - r_{H0} = 1,143 mm
  - α_{fx} = 30,74° α_{fv} = 8,31°
- Prozessdaten
  - Gerades Tauchen bei α_m = 65,3195°
  - Außenschneider

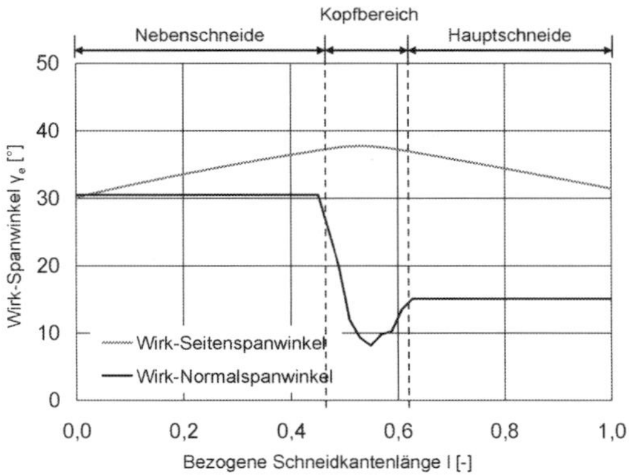

Bild 5.7: Wirk-Spanwinkel über die Schneidkantenlänge
Working Rake over the Unwound Cutting Edge

Ähnlich wie der Wirk-Normalfreiwinkel ändert sich auch der Wirk-Normalspanwinkel nur sehr wenig über der jeweiligen Schneide. Er ist für Haupt- und Nebenschneide nahezu konstant und liegt auf der Nebenschneide bei etwa 30° und auf der Hauptschneide bei etwa 16°. Nur im Bereich des Zahnkopfes sinkt der Wirk-Normalspanwinkel auf unter 10°. Dieser Verlauf entspricht in etwa dem Verlauf des Wirk-Normalfreiwinkels aus Bild 5.6. Auch hier lässt sich wieder aufgrund der geringen Änderungen der Wirkgeschwindigkeit im Vergleich zu der Schnittgeschwindigkeit in der Normalebene nur ein untergeordneter Einfluss der Vorschubgeschwindigkeit auf den Wirk-Normalspanwinkel erkennen.

Größere Änderungen ergeben sich beim Wirk-Seitenspanwinkel. Hier nimmt der Spanwinkel vom Fuß zum Kopf des Stabmessers entlang der Schneidkante zu. Bei dem Wirk-Seitenspanwinkel sind zudem keine Unterschiede in den Beträgen zwischen Haupt- und Nebenschneide zu erkennen.

Die Untersuchungen zeigen, dass bei komplexen Fertigungsverfahren wie dem Kegelradfräsen einfachere und besser abschätzbare Verfahrensvarianten auftreten können. So kann zum Beispiel schon im Vorfeld die größte Spanungsdicke mithilfe des Vorschubs abgeschätzt werden. Diese Spanungsdicke tritt am Kopf des Stabmessers auf. An den Flanken sind die Spanungsdicken aufgrund der Flankenwinkel kleiner. Dadurch ergibt sich die typische Verteilung der Spanungsdicken.

Treten bei einem solchen Fertigungsprozess ungünstige Zerspanbedingungen auf, so kann der Fertigungsprozess modifiziert werden. In den gezeigten Untersuchungen ist ein gerades Tauchen gewählt worden. Das bedeutet, dass die Stabmesser gerade in Richtung des Kopfes in das Werkstück eintauchen. Davon abweichend kann auch ein modifiziertes Tauchen gewählt werden. In diesem Fall werden die Stabmesser schräg zugestellt. Das führt dazu, dass am Kopf und an den Flanken der Stabmesser die Spanungsdicken variiert werden können. Darin besteht die Möglichkeit, einen gegebenen Fertigungsprozess zu optimieren.

5.2 Variation der Wälzgeschwindigkeit

Variation of the Rolling Feed

Bei den wälzenden Prozessen können die Spanungsdicken im Vergleich zum tauchenden Prozess nicht mehr einfach abgeschätzt werden. Die Bewegung des Werkzeugs enthält mehr Komponenten. Hierbei tritt eine Wälzbewegung auf, welche die Abschätzung zusätzlich erschwert.

Aus diesem Grund ist für die weitere Analyse der Spanbildungskenngrößen ein wälzender Fertigungsprozess eines Kegelritzels gewählt worden. Dabei handelt es sich um einen einfach wälzenden Prozess ohne einen vorangegangenen Tauchzyklus, vgl. **Bild 5.8**. Um die Einflüsse der Wälzbewegung auf die Spanbildungskenngrößen besser abschätzen zu können, ist die Wälzgeschwindigkeit variiert worden. Bei diesem Beispielprozess wird eine mittlere Wälzgeschwindigkeit von $v_w = 600°/min$ verwendet. Der Wälzzyklus für eine Lücke dauert damit etwa $t_2 = 4{,}2$ s für den gesamten Wälzweg von $\alpha_{start} = 91°$ bis $\alpha_{ende} = 49°$. Bei der langsameren Wälzgeschwindigkeit von $v_w = 500°/min$ wird eine Zeit von $t_1 = 5{,}1$ s benötigt. Bei der größeren Wälzgeschwindigkeit von $v_w = 700°/min$ nur eine Zeit von $t_3 = 3{,}6$ s.

Dieser Prozess wird mit einem Werkzeug der Spezifikation ARCON II 14-6“ durchgeführt. Die Stabmesser haben eine Gesamthöhe von $h = 9{,}9$ mm. Das Profil des Stabmessers ist asymmetrisch mit einem Eingriffswinkel $\alpha_{fx} = 8{,}7°$ auf der konvexen Seite und $\alpha_{fv} = 27{,}9°$ auf der konkaven Seite.

Werkstück

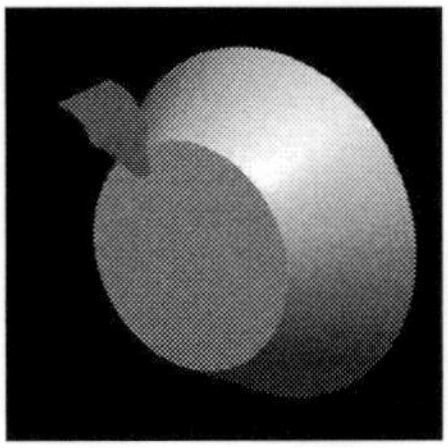

- Prozessdaten:
  - Einfach wälzender Prozess ohne Tauchen
  - Einzelteilend
  - α_m = 68,8°, α_{start} = 91°, α_{ende} = 49°
  - Schnittgeschwindigkeit v_c = 280 m/min
  - Variation der Wälzgeschwindigkeit:
    - v_{w1} = 500 °/min, $t_{lücke}$ = 5,1 s
    - v_{w2} = 600 °/min, $t_{lücke}$ = 4,2 s
    - v_{w3} = 700 °/min, $t_{lücke}$ = 3,6 s
- Werkzeugdaten: ARCON II 14-6"
  - Stabmesser:
    - h = 9,9 mm
    - r_{H0} = 0,84 mm
    - α_{fx} = 8,7° α_{fv} = 27,9°
- Werkstückdaten:
  - z = 17
  - m_{nm} = 3,19 mm
  - β_m = -42,5°
  - d_{ae} = 95,8 mm

© WZL

Bild 5.8: Simulationsdaten der Wälzprozesse
Simulation Data for the Rolling Manufacturing Processes

Bei dem Werkstück handelt es sich um ein Ritzel mit einem mittleren Normalmodul von m_{nm} = 3,19 mm. Dabei beträgt der mittlere Spiralwinkel β_m = -42,5°. Die Zähnezahl beträgt z = 17. Aus diesen Daten wird ersichtlich, dass für das Werkstück mit der Zähnezahl theoretisch eine Einsparung von über 10 s erzielt werden könnte. Bei einer Zykluszeit von 1:35 min entspräche das einer Einsparung von ca. 11%. Dies ist natürlich nur möglich, wenn sich die Zerspanbedingungen, und somit die Werkzeugbelastungen, nicht wesentlich ändern, damit der Prozess stabil und der Verschleiß überschaubar bleibt.

Bei den genannten Bearbeitungsprozessen handelt es sich um sehr komplexe Prozesse, bei denen unterschiedliche Zerspanbedingungen über den Prozessfortschritt auftreten. Es ändern sich die sowohl die Verteilung der Spanungsdicken, als auch die Form der Späne. Die beispielhafte Entwicklung der Geometrie der unverformten Späne für den Prozess mit der Wälzgeschwindigkeit von v_w = 600°/min zeigt **Bild 5.9**.

In dem Bild sind die unverformten Späne zu unterschiedlichen Wälzwinkeln gezeigt. In der oberen Hälfte sind die Späne für einen Außenschneider zu erkennen, wohingegen in der unteren Hälfte die Späne für einen Innenschneider dargestellt sind. Auf der linken Seite des Bildes sind die Späne zu Beginn des Prozesses zu erkennen. Für diesen Bearbeitungsfall entsprechen die Spanformen einem Wälzwinkel von $\alpha \approx 83°$. Des Weiteren sind in der Mitte die Späne zur Mitte ($\alpha \approx 68°$) und rechts die Späne am Ende des Bearbeitungsprozesses ($\alpha \approx 56°$) gezeigt. Die einzelnen Späne sind in horizontaler Richtung ihrer Länge nach aufgetragen. Der vertikalen Richtung entspricht die Länge der abgewickelten Schneidkante. Die Schnittrichtung entspricht bei den Diagrammen einer Richtung von links nach rechts.

- Werkstückdaten
  - $z = 17$
  - $m_{nm} = 3{,}19$ mm
  - $\beta_m = -42{,}5°$
  - $d_{ae} = 95{,}8$ mm
- Werkzeugdaten
  - $h = 9{,}9$ mm
  - $r_{H0} = 0{,}84$ mm
  - $\alpha_{fx} = 8{,}7°$ $\alpha_{fv} = 27{,}9°$
- Prozessdaten
  - Wälzen
  - $v_c = 280$ m/min
  - $v_w = 600$ °/min

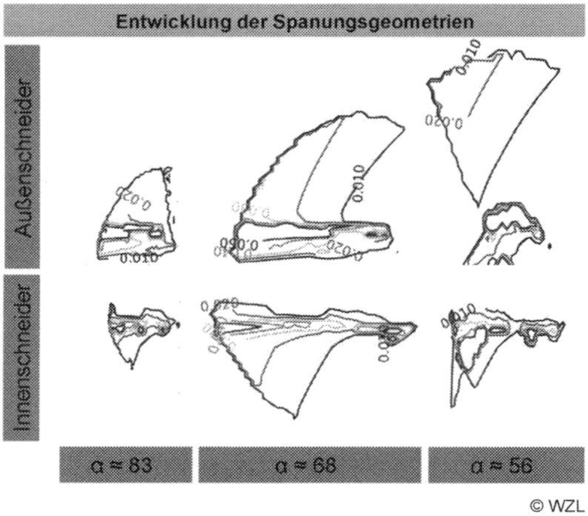

Bild 5.9: Abhängigkeit der Spanungsgeometrie vom Prozessfortschritt mit v_w = 600°/min
Chip Shape over the Rolling Position with Rolling Feed v_w = 600°/min

Zu Beginn des Bearbeitungsprozesses sind die Späne an Innen- und Außenschneider noch verhältnismäßig klein. Am Außenschneider ist ein Plateau von Spanungsdicken am Kopf des Stabmessers (in der Mitte) zu erkennen. An der Flanke ist ein gebogener dachförmiger Bereich zu erkennen. Ein ähnliches Verhalten ist für den Innenschneider zu erkennen. Jedoch weißt der Span größere Abmessungen auf. Die gebogene Form ist charakteristisch für wälzende Prozesse [WINK05, S. 52]. Sie lässt sich dadurch erklären, dass die Stabmesser durch die wälzende Bewegung erst langsam in Kontakt kommen. Am Ende sinkt die Ausdehnung des Spans über die Schneidkantenlänge schnell ab. Hier treten die Stabmesser schlagartig an der Stirnseite des Kegelrades aus dem Material aus. Die maximalen Spanungsdicken treten hier am Übergang des Stabmesserprofils von der Rundung zur Flanke des Innenmessers auf.

Wird die Spanform zur Mitte des Fertigungsprozesses betrachtet, treten starke Veränderungen auf. Es ist ersichtlich, dass die Abmessungen der Späne angestiegen sind. Ebenso wie zu Beginn des Bearbeitungsprozesses tritt am Kopf des Stabmessers ein nahezu rechteckiges Plateau der Spanungsdicken auf. Die maximalen Spanungsdicken liegen am Übergang zur Flanke. Der Bereich an der Flanke, welcher an der Zerspanung teilnimmt, ist stark angestiegen. Zur Mitte des Bearbeitungsprozesses ist die Zahnlücke tiefer im Material. Aus diesem Grund müssen die Flanken des Stabmessers über einen breiteren Bereich im Eingriff sein. Die Form der Flanken ist wiederum gebogen. Die Stabmesser treten erst allmählich über die Länge der Zahnlücke in Kontakt mit dem Werkstück, um Material zu zerspanen. Es fällt vor allem auf, dass der Span des Außenschneiders am Ende zweigeteilt ist. Die Spanungsdicken an der Flanke sind aufgrund der geometrischen Verhältnisse nur sehr klein. Der Kopf des Stabmessers übernimmt den Hauptteil der Zerspanleistung. Er fertigt den Fuß der Verzahnung. Aufgrund dieser unterschiedlichen Spanungsdickenverteilung muss der Kopf des Stabmessers erst später das Werkstück verlassen, als die Bereiche der Flanke mit einer kleineren Spanungsdicke.

Zum Ende des Fertigungsprozesses hat sich die Spanform weiter verändert. Der Span des Außenschneiders ist nun kleiner geworden. Der Kopf des Stabmessers nimmt beim Außenschneider nicht am Zerspanvorgang teil. Stattdessen wird an der Flanke ein dreiecksförmiger Span gebildet. Im Gegensatz dazu zerspant das Innenmesser ausschließlich mit dem Kopf des Stabmessers. Hier wird die Fußausrundung erzeugt.

Der gezeigte Verlauf der Spanungsdicken macht deutlich, dass es sich bei der Belastung der Stabmesser im Bearbeitungsprozess um ein Kollektiv unterschiedlicher Zerspanbedingungen handelt. Eine tatsächliche Aussage über die Belastung des Stabmessers kann also nur anhand einer gesamten Betrachtung des Bearbeitungsprozesses erfolgen. Da gerade bei wälzenden Prozessen eine Vielzahl von Spänen gebildet werden, können diese nur schwer einzeln analysiert werden. Es muss eine statistische Analyse vorgenommen werden. Aus diesem Grund ist in **Bild 5.10** das Kollektiv aller Spanungsdicken über die abgewickelte Schneidkante als Histogramm aufgetragen.

- Werkstückdaten
  - z = 17
  - m_{nm} = 3,19 mm
  - β_m = -42,5°
  - d_{ae} = 95,8 mm
- Werkzeugdaten
  - h = 9,9 mm
  - r_{H0} = 0,84 mm
  - α_{fx} = 8,7° α_{fv} = 27,9°
- Prozessdaten
  - Wälzen
  - v_c = 280 m/min
  - v_w = 600 °/min

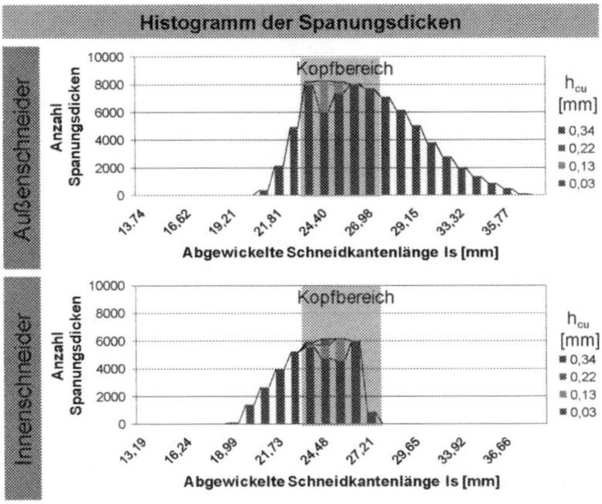

© WZL

Bild 5.10: Histogramm der Spanungsdickenverteilung über der abgewickelten Schneidkante für v_w = 600°/min
Histogram of the Chip Thickness Distribution over the Unwound Cutting Edge for Rolling Feed v_w = 600°/min

In der oberen Hälfte des Diagramms ist die Spanungsdickenverteilung eines Außenschneiders aufgetragen. Auf der horizontalen Achse befindet sich die Schneidkantenabwicklung. Die vertikale Achse spiegelt die Häufigkeit der berechneten Spanungsdicken wieder. Dabei gilt zu beachten, dass die berechneten Spanungsdicken nicht der Dicke eines einzelnen Spans entsprechen. Bei einem einzelnen Span liegt für einen Punkt auf der Schneidkante ein Kollektiv an Spanungsdicken vor. Wie schon in Bild 5.9 zu erkennen war, ändert sich die Spanungsdicke für einen Punkt auf der Schneidkante (horizontale Linie) über der Länge eines Spans. Um diese Einflüsse berücksichtigen zu können, müssen auch diese Spanungsdicken bei der statistischen Auswertung berücksichtigt werden. Aus diesem Grund wird jeder Span in diskrete Intervalle unterteilt, bei der die Spanungsdicke für das Histogramm gespeichert wird. Das heißt, ein Histogramm gibt wieder, wie häufig eine Spanungsdicke im Prozess auftritt. Nur so kann der exakte Verlauf der Spanungsdicken über dem gesamten Prozess berücksichtigt werden. Die einzelnen Klassen der Spanungsdicken sind farblich markiert. Die Verteilung des Innenschneiders zeigt die untere Hälfte des Bildes.

Die Verteilung der Spanungsdicken zeigt, dass am Kopf des Stabmessers die meisten Spanungsdicken berechnet werden. Aus dem Verlauf der Späne war schon ersichtlich, dass der Kopf nahezu über den gesamten Bearbeitungsprozess Material zerspant. Das spiegelt sich auch im Histogramm wieder. An den Flanken fällt die Anzahl der Spanungsdicken auf Null zurück. Zusätzlich kann aus dem Histogramm abgelesen werden, dass am Kopf die dicksten Späne auftreten. Auch dieses Verhalten war schon aus dem Verlauf ersichtlich. Es kann also festgehalten werden, dass der Verlauf der Spanungsdicken durch das Histogramm widergespiegelt wird. Wird die Verteilung der Spanungsdicken für einen Schneidenpunkt näher betrachtet, so fällt auf, dass am Kopf im Verhältnis sehr viele dicke Späne berechnet werden. Dieser Anteil fällt zu den Flanken hin ab. Jedoch treten im Bereich der Rundung des Kopfes am Übergang zur Flanke über einen kleinen Bereich vermehrt größere Spanungsdicken als am Kopf auf. Das bedeutet für die Häufigkeitsverteilung der Spanungsdickenklassen, dass sich ein Maximum am Übergang von der Flanke zum Kopf befindet. Die Klassen mit den größeren Spanungsdicken haben ihr Maximum aber in der Mitte des Kopfes des Stabmessers. Hier ist die mechanische Belastung des Stabmessers am größten.

Ein ähnliches Verhalten ist für den Innenschneider zu erkennen. Die meisten Spanungsdicken treten am Kopf des Stabmessers auf. Auch hier fällt die Häufigkeit der Spanungsdicken zu den Flanken hin ab. Die Verteilung der einzelnen Spanungsdicken zeigt aber einen Unterschied. Es wurden im Verhältnis mehr große Spanungsdicken berechnet. Hier liegt die größte Häufigkeit wieder am Übergang zwischen Kopf und Flanke.

Bei der in diesem Kapitel beschriebenen Variation des Fertigungsprozesses, wurde die Wälzgeschwindigkeit verändert. Da es sich um den gleichen Prozess mit gleichen kinematischen Zusammenhängen handelt, verändert sich im Allgemeinen die Geometrie der unverformten Späne nur wenig. Aus diesem Grund werden sie hier nicht gezeigt. Den Einfluss der Wälzgeschwindigkeit auf die Verteilung der Spanungsdicken zeigen **Bild 5.11** und **Bild 5.12**. Dort sind die Histogramme für die kleinere Wälzgeschwindigkeit von $v_w = 500°/min$ und für die größere Wälzgeschwindigkeit von $v_w = 700°/min$ dargestellt.

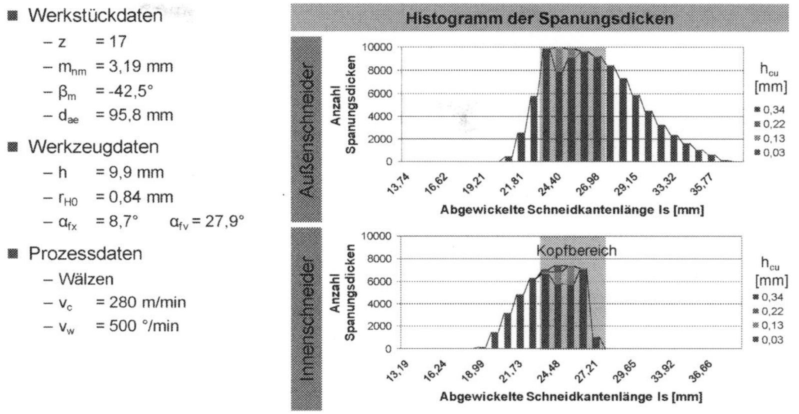

© WZL

Bild 5.11: Histogramm der Spanungsdickenverteilung über der abgewickelten Schneidkante für v_w = 500°/min
Histogram of the Chip Thickness Distribution over the Unwound Cutting Edge for Rolling Feed v_w = 500°/min

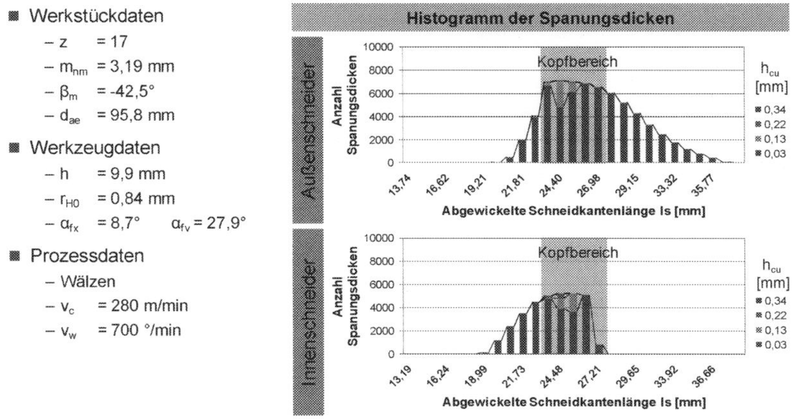

© WZL

Bild 5.12: Histogramm der Spanungsdickenverteilung über der abgewickelten Schneidkante für v_w = 700°/min
Histogram of the Chip Thickness Distribution over the Unwound Cutting Edge for Rolling Feed v_w = 700°/min

Die Verteilungen der unterschiedlichen Wälzgeschwindigkeiten zeigen den gleichen Verlauf, wie bei der Grundvariante für v_w = 600°/min. Für Innen- und Außenschneider werden die meisten Spanungsdicken am Kopf des Stabmessers berechnet. Über den

Bereich der Flanke fällt die Anzahl der Spanungsdicken kontinuierlich ab. Der Übergang vom Kopf des Stabmessers zur Flanke zerspant die größten Spanungsdicken. Dieses Verhalten ist verständlich, weil es sich bei der Prozessvariation nur um eine Veränderung der Wälzgeschwindigkeit gehandelt hat. Die Zerspanbedingungen im Prozess ändern sich damit auch nur geringfügig. Aus diesem Grund ändert sich die Verteilung der Spanungsdicken ebenfalls nur geringfügig.

Ein Unterschied lässt sich in der absoluten Häufigkeit der berechneten Spanungsdicken erkennen. Je kleiner die Wälzgeschwindigkeit ist, desto mehr Spanungsdicken werden für das Histogramm berechnet. Dies ist plausibel, da bei der kleineren Wälzgeschwindigkeit der Fertigungsprozess länger dauert, und als Folge mehr Späne mit kleinerer Spanungsdicke gebildet werden.

Aus dem direkten Vergleich der Histogramme der Spanungsdicken sind die Unterschiede in den Fertigungsprozessen nur schwer zu erkennen, da es sich um ähnliche Fertigungsprozesse handelt. Die Unterschiede sind auch mit dieser Auswertung nur schwer quantifizierbar. Aus diesem Grund wird eine weitere Auswertung vorgestellt. Dabei handelt es sich um die Histogrammdifferenz. Darin sind die Unterschiede in der Häufigkeit des Auftretens der einzelnen Klassen aufgetragen. Den Unterschied der mittleren Variante zur kleineren Wälzgeschwindigkeit zeigt **Bild 5.13** und die Unterschiede zur Variante mit der größeren Vorschubgeschwindigkeit zeigt **Bild 5.14**.

- Werkstückdaten
  - z = 17
  - m_{nm} = 3,19 mm
  - β_m = -42,5°
  - d_{ae} = 95,8 mm
- Werkzeugdaten
  - h = 9,9 mm
  - r_{H0} = 0,84 mm
  - α_{fx} = 8,7° α_{fv} = 27,9°
- Prozessdaten
  - Wälzen
  - v_c = 280 m/min

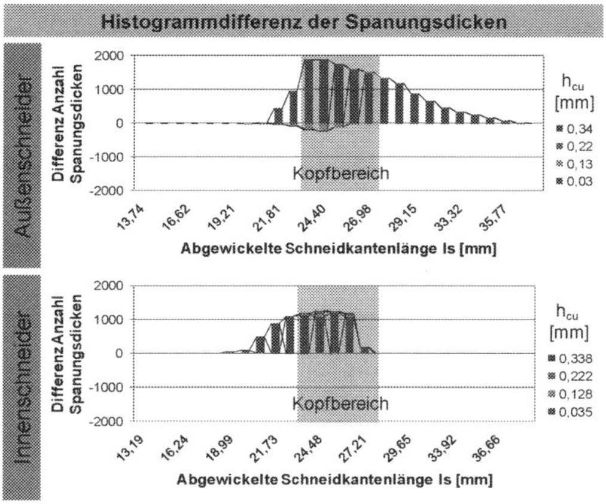

© WZL

Bild 5.13: Differenz der Histogramme zwischen der Wälzgeschwindigkeit v_w = 600°/min und v_w = 500°/min

Difference of the Histogram between v_w = 600°/min and v_w = 500°/min

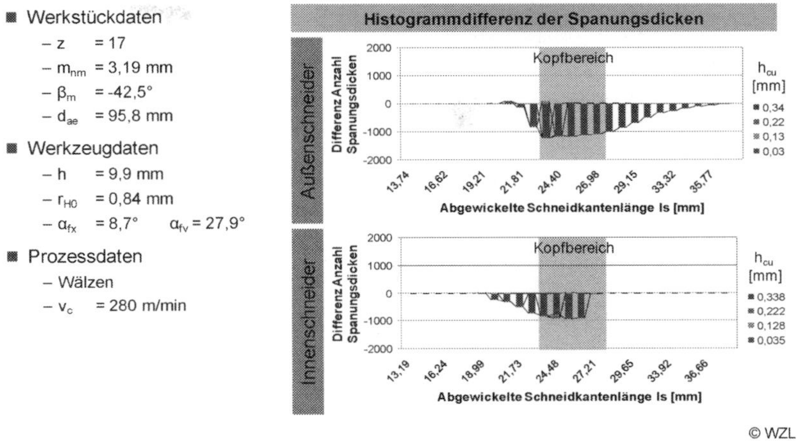

Bild 5.14: Differenz der Histogramme zwischen der Wälzgeschwindigkeit v_w = 600°/min und v_w = 700°/min
Difference of the Histogram between v_w = 600°/min and v_w = 700°/min

Der Vergleich der mittleren mit der kleinen Wälzgeschwindigkeit zeigt, dass bei der kleinen Vorschubgeschwindigkeit insgesamt mehr Spanungsdicken berechnet wurden. Die Differenz fällt insgesamt positiv aus. Dieser Effekt war auch direkt aus dem Histogramm abzulesen. Zusätzlich fällt jedoch auf, dass sowohl beim Außen- als auch beim Innenschneider weniger große Spanungsdicken berechnet wurden. Diese sind in dem Diagramm nach unten in den negativen Bereich aufgetragen. Im Gegensatz dazu steigt die Anzahl der kleinen Spanungsdicken an. Bei der Variation der Wälzgeschwindigkeit bleibt die gefertigte Geometrie identisch. Das führt dazu, dass das gleiche Volumen aus der Zahnlücke zerspant wird. Wenn nun die Anzahl der großen Spanungsdicken sinkt, müssen im Gegenzug mehr kleine Spanungsdicken zerspant werden.

Ein ähnlicher Effekt ist bei der Variation der Wälzgeschwindigkeit zu größeren Vorschüben zu erkennen. In diesem Fall nimmt die gesamte Anzahl der Spanungsdicken ab. Das Volumen wird in weniger Schnitten zerspant. Daraus folgt, dass in dem Diagramm weniger kleine Spanungsdicken aufgetragen sind, aber dafür mehr große Spanungsdicken.

Die Histogramme sind ein gutes Hilfsmittel, um das gesamte Lastkollektiv auf eine Schneidkante für einen Bearbeitungsprozess anschaulich darzustellen. Im Gegensatz dazu machen die Histogrammdifferenzen die Unterschiede der Bearbeitungsprozesse gut erkennbar. Dadurch wird der Benutzer bei der Erklärung unterschiedlicher Werkzeugstandzeiten unterstützt. Die Änderungen der Bearbeitungsprozesse ist direkt einer Änderung der Spanbildungsparameter zuzuordnen.

Die gezeigten Histogramme sind eine sehr kompakte Methode, die Spanungsdicken eines speziellen Bearbeitungsprozesses zu quantifizieren. Gleichermaßen erfordern sie trotzdem eine intensive Analyse. Einen schnellen Überblick über den Bereich und die Lage der Spanungsdicken liefern die mittleren Spanungsdicken sowie die Standardabweichung. Für die verschiedenen Prozesse sind diese in **Bild 5.15** gezeigt.

- Werkstückdaten
  - z = 17
  - m_{nm} = 3,19 mm
  - β_m = -42,5°
  - d_{ae} = 95,8 mm
- Werkzeugdaten
  - h = 9,9 mm
  - r_{H0} = 0,84 mm
  - α_{fx} = 8,7° α_{fv} = 27,9°
- Prozessdaten
  - Wälzen
  - v_c = 280 m/min

—— Maximale Spanungsdicke
- - - Mittlere Spanungsdicke

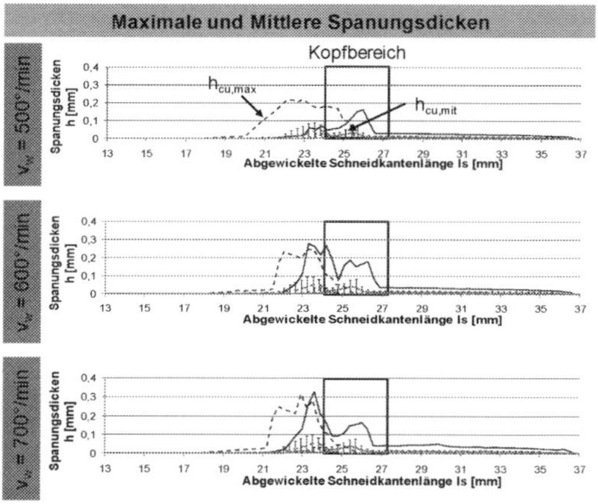

© WZL

Bild 5.15: Statistische Auswertung der Spanungsdicken
Statistical Analysis of the Chip Thickness

In den einzelnen Diagrammen sind die maximalen und mittleren Spanungsdicken über die abgewickelte Schneidkantenlänge für Innen- und Außenmesser aufgetragen. Zusätzlich sind die verschiedenen Wälzgeschwindigkeiten in den Diagrammen untereinander angeordnet. Der Bereich des Zahnkopfes ist, wie in den vorangegangenen Diagrammen markiert. Da in den Diagrammen für die einzelnen Vorschubgeschwindigkeiten die Spanungsdicken jeweils für das Innen- und Außenmesser aufgetragen sind, ist in der linken Hälfte der Diagramme die Spanungsdicke für die Innenmesser aufgetragen, wohingegen in der rechten Hälfte der Diagramme die Spanungsdicken für die Außenmesser zu erkennen sind. Bei der mittleren Vorschubgeschwindigkeit ist die berechnete Standardabweichung aller Spanungsdicken als Streuung um die mittlere Spanungsdicke aufgetragen. So wird aus dem Diagramm direkt ersichtlich, in welchem Bereich der Spanungsdicken sich etwa zwei Drittel aller berechneten Spanungsdicken befinden, vgl. Kap. 4.2.6.

Wird der Verlauf der maximalen oder mittleren Spanungsdicke betrachtet, so fällt auf, dass am Kopf eines Stabmessers die größten Spanungsdicken auftreten. An den Flanken sinken die Spanungsdicken dann auf einen kleinen Betrag ab. Auch wenn es sich bei dem simulierten Prozess um einen wälzenden Prozess handelt, treten die größten Spanungsdicken am Kopf der Stabmesser auf. Das gleiche Verhalten trat ebenfalls bei den Untersuchungen des Tauchprozesses auf. Trotz der wälzenden

Bewegung bewegt sich das Stabmesser vornehmlich in Richtung des Kopfes in das Werkstückmaterial. Diese Zusammenhänge können auch anhand von Bild 2.13 veranschaulicht werden. Das Simulationssystem speichert nicht nur die maximalen und mittleren Spanungsdicken, sondern zusätzlich die Zeitpunkte, zu denen sie berechnet wurden. Bei den durchgeführten Simulationen ist es so, dass die maximalen Spanungsdicken kurz vor der mittleren Wälzposition berechnet wurden. Hier steht das Stabmesser nahezu senkrecht im Werkstück.

Der genannte charakteristische Verlauf der Spanungsdicken ist unabhängig von der Wälzgeschwindigkeit. Unterschiede fallen im Betrag der maximalen Spanungsdicke auf. Hier wird ersichtlich, dass bei einer größeren Wälzgeschwindigkeit die maximale Spanungsdicke steigt. Im Gegensatz dazu zeigt die mittlere Spanungsdicke kaum einen Einfluss der Wälzgeschwindigkeit. Hier ist es so, dass im Verhältnis nur wenige dicke Späne auftreten. Daraus folgt, dass die Streuung auch nahezu konstant ist. Nur bei einer genauen Betrachtung der Zahlenwerte fällt auf, dass die Streuung mit der Wälzgeschwindigkeit ansteigt. Begründet werden kann dieser Sachverhalt damit, dass bei der maximalen Streubreite immer noch ein großer Abstand zu der maximal berechneten Spanungsdicke besteht.

Nicht nur die die Spanungsdicke ist abhängig von der Wälzgeschwindigkeit im Fertigungsprozess. Es verändert sich auch die Länge, die ein Schneidenpunkt spanend im Werkstückmaterial zurücklegt. Aus diesem Grund ist in **Bild 5.16** der gesamte Wirkweg l der Schneidkantenlänge über den gesamten Prozess aufgetragen.

- Werkstückdaten
  - $z = 17$
  - $m_{nm} = 3{,}19$ mm
  - $\beta_m = -42{,}5°$
  - $d_{ae} = 95{,}8$ mm
- Werkzeugdaten
  - $h = 9{,}9$ mm
  - $r_{H0} = 0{,}84$ mm
  - $\alpha_{fx} = 8{,}7°$ $\alpha_{fv} = 27{,}9°$
- Prozessdaten
  - Wälzen
  - $v_c = 280$ m/min

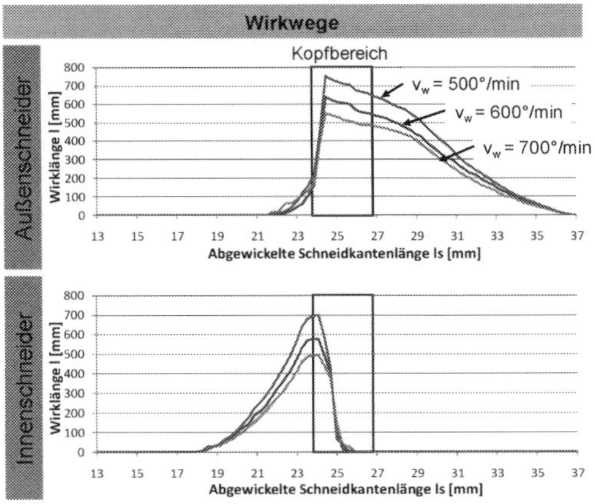

© WZL

Bild 5.16: Vergleich der Wirkwege
Comparison of the Resultant Cutting Path Length

Die Diagramme zeigen die Wirkwege für die Innen- und Außenschneider der Fertigungsprozesse. Dabei sind die unterschiedlichen Wälzgeschwindigkeiten farblich hervorgehoben. Es ist zu erkennen, dass die Stabmesser im Bereich des Kopfes den längsten Weg spanend zurücklegen. An den Flanken der Stabmesser sinkt die Wirklänge dann leicht degressiv bis auf Null ab. Dieses Verhalten lässt sich anhand des Spanverlaufs aus Bild 5.9 erklären. Der Kopf des Stabmessers zerspant von Beginn bis zum Ende des Fertigungsprozesses das Werkstück. Nur langsam treten die Flanken der Stabmesser in Kontakt. Das bedeutet, dass auch die längste Strecke am Kopf des Werkstücks spanend zurückgelegt wird. Wird zusätzlich die Spanungsdicke betrachtet, kann damit verdeutlicht werden, dass in diesem Bereich des Stabmessers die größten Belastungen während des Bearbeitungsprozesses auftreten.

Des Weiteren fällt auf, dass der Wirkweg mit der Vorschubgeschwindigkeit abfällt. Das ist leicht verständlich, da durch den größeren Vorschub ein Stabmesser weniger Schnitte durchführen muss. Durch eine größere Vorschubgeschwindigkeit steigt zwar gemäß Bild 4.17 auch der Wirkweg für einen einzelnen Schnitt. Diese Änderung des Wirkwegs für den Span ist aber gering, da die Änderung der Vorschubgeschwindigkeit im Verhältnis zur Schnittgeschwindigkeit klein ist. Deswegen kann der Anteil des Wirkweges, der aus der Wälzbewegung resultiert, auch nur klein sein. Aus diesem Grund wird wegen der steigenden Anzahl von Schnitten bei einer kleineren Wälzgeschwindigkeit der Wirkweg insgesamt größer.

Zur vollständigen Analyse des Bearbeitungsprozesses sollen abschließend auch die Wirk-Winkel betrachtet werden. Die Wirk-Winkel geben Aufschluss über die kinematischen Zusammenhänge und der Relation der Schnittgeschwindigkeit zur Vorschub- und Wälzgeschwindigkeit. Aus diesem Grund sind zunächst in **Bild 5.17** die Wirk-Spanwinkel über die abgewickelte Schneidkantenlänge aufgetragen.

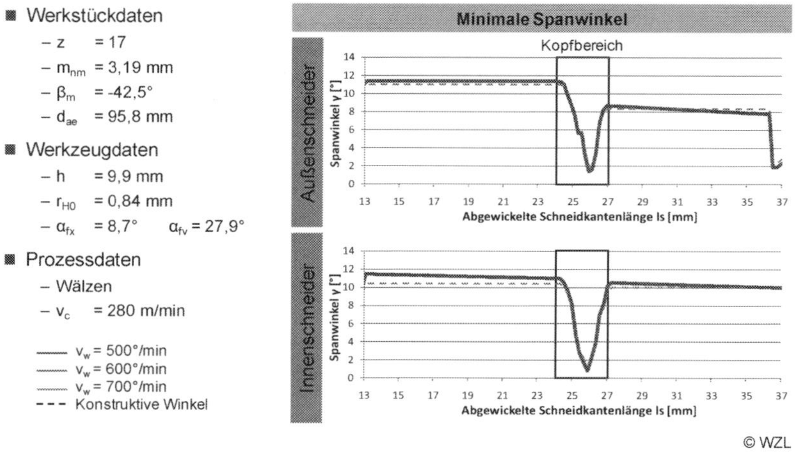

Bild 5.17: Vergleich der konstruktiven und Wirk-Normalspanwinkel
Comparison of the Rake Angle and the Working Normal Rake

In den Diagrammen sind die minimalen Wirk-Normalspanwinkel für Innen- und Außenschneider über die abgewickelte Schneidkantenlänge aufgetragen. Der konstruktive Normalspanwinkel ist ebenfalls als gestrichelte Linie in den Diagrammen zu erkennen. Über den gesamten Prozessverlauf verändert sich der Wirk-Normalspanwinkel. Für die gezeigten Prozesse treten Variationsbreiten von etwa 2° auf. Da aber bei kleiner werdendem Spanwinkel die Belastung der Werkzeugschneide steigt [KÖNI97, S. 74], ist in den Diagrammen nur der Winkel mit der größten Belastung, das bedeutet der minimale Wirk-Spanwinkel, aufgetragen. Das entspricht dann dem minimalen Wirk-Normalspanwinkel.

Der Verlauf des Wirk-Normalspanwinkels zeigt einen deutlichen Einfluss der Fertigungsprozesse. Dieser Einfluss ist für Innen- und Außenmesser sehr ähnlich. Auf der Seite des Innenschneiders, in der linken Hälfte der Diagramme, fallen die Spanwinkel leicht über die Länge der Schneidkante ab. Dieses Verhalten ist auch auf der Flanke des Außenschneiders zu erkennen. Hier fällt der Wirk-Normalspanwinkel weiter ab. Dieser liegt hier zum Teil unterhalb des konstruktiv vorgegebenen Normalspanwinkels. Der Verlauf zeigt, dass die konstante Wälzgeschwindigkeit einen veränderlichen Einfluss auf die Winkel entlang der Schneidkante besitzt. Die Ursache hierfür liegt darin, dass sich ebenfalls die real vorliegende Wirkgeschwindigkeit aufgrund der veränderlichen Radien am Umfang des Messerkopfes verändert. Je weiter außerhalb ein Punkt der Messerschneide am Umfang des Messerkopfes positioniert ist, desto größer ist auch der Betrag der Geschwindigkeit an diesem Punkt, da sie vom Radius abhängig ist.

Im Bereich des Zahnkopfes ist ein Übergang zu erkennen. Hier fällt der Spanwinkel auf etwa 2° ab. In diesem Bereich tritt der Übergang zwischen der äußeren und der inneren Schneide auf. Da sich bei einem Stabmesser die Spanwinkel von Innen-, Außen- und Kopfschneide gegenseitig beeinflussen, liegt hier ein fester Zusammenhang vor. Die Spanfläche kann nur mithilfe des Neigungs- und Spanwinkels positioniert werden. Das führt dazu, dass diese stark voneinander abhängig sind. In dem vorliegenden Fall beträgt die Differenz des Messerschaftwinkels zum Neigungswinkel der Spanfläche etwa 2°. Dieser kann direkt aus den analytisch berechneten Spanwinkeln abgelesen werden.

Ein Vergleich der Spanwinkel für die unterschiedlichen Vorschubgeschwindigkeiten zeigt keinen großen Einfluss. Diese sind in den Diagrammen kaum voneinander zu unterscheiden. Die Veränderung der Wälzgeschwindigkeit in den gegebenen Intervallen hat einen geringen Einfluss auf die resultierende Wirkgeschwindigkeit und damit auch auf die Wirkwinkel.

Auch der tatsächlich auftretende Wirk-Freiwinkel ist für den Bearbeitungsprozess von besonderem Interesse. Aus diesem Grund zeigt **Bild 5.18** die Einflüsse des Bearbeitungsprozesses auf die Wirk-Freiwinkel.

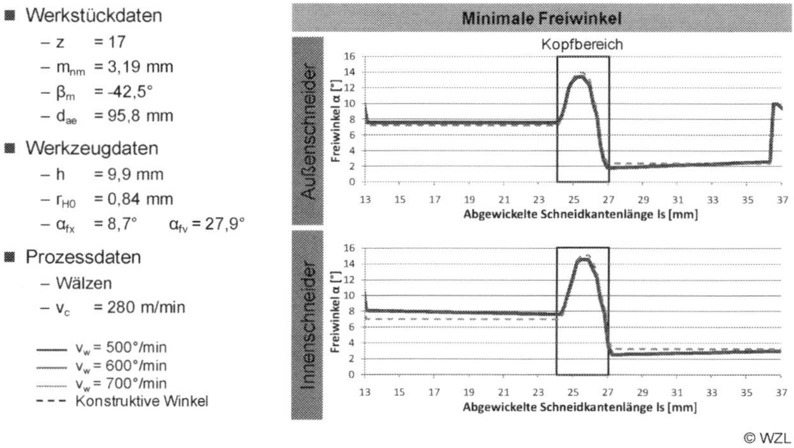

Bild 5.18: Vergleich der konstruktiven und Wirk-Normalfreiwinkel
Comparison of the Clearance Angle and the Working Clearance

Die Darstellung der Freiwinkel geschieht analog zu der Darstellung der Spanwinkel. Auch in diesen Diagrammen sind die minimalen Freiwinkel aufgetragen. Je kleiner die Freiwinkel sind, desto kleiner wird der Freiraum zwischen der Freifläche und der erzeugten Werkstückoberfläche. Das führt dazu, dass die Freifläche stärker belastet wird [KÖNI97, S. 74]. Die gestrichelte Linie stellt die konstruktiven Normalfreiwinkel dar. Sie sind am Innenschneider größer als am Außenschneider.

Bei Betrachtung der Wirk-Normalfreiwinkel fällt ein vom konstruktiven Winkel abweichender Verlauf auf. Bei Innen- und Außenschneider liegen die Freiwinkel für die konvexen Seiten der Stabmesser, in der linken Hälfte der Diagramme, bei etwa α_{ne} = 8°. In Richtung zum Kopf des Stabmessers fallen diese leicht ab. Auf der konkaven Seite der Stabmesser, in der rechten Hälfte der Diagramme, ist ein umgekehrtes Bild zu erkennen. Am Kopf weisen die Wirk-Normalfreiwinkel den kleinsten Betrag auf und wachsen dann in Richtung des Fußes der Stabmesser. Beim Außenschneider ist sogar zu erkennen, dass die Wirk-Normalfreiwinkel kleiner als α_{ne} = 2° werden. Es ist also davon auszugehen, dass aufgrund der geringen Wirk-Normalfreiwinkel an dieser Stelle die größten Belastungen auftreten. Analog zu den Wirk-Normalspanwinkeln tritt auch hier nur ein sehr kleiner Unterschied in den Wirk-Normalfreiwinkeln auf.

Eine abschließende Analyse der Fertigungsprozesse soll anhand der auftretenden Prozesskräfte erfolgen. Um eine Verifikation der Berechnungsergebnisse durchzuführen, sind auch reale Versuche mit einer Kraftmessung durchgeführt worden, weil die berechneten Spanungsdicken dicht mit den berechneten Schnittkräften zusammenhängen. Die Zerspankräfte werden nicht anhand der Motorleistungen der Werkzeugmaschine abgeschätzt, sondern direkt mit Hilfe eines Schnittkraftdynamometer gemessen. Um dies zu erreichen musste eine Vorrichtung in der Maschine konstruiert werden. Diese Vorrichtung ist in **Bild 5.19** dargestellt.

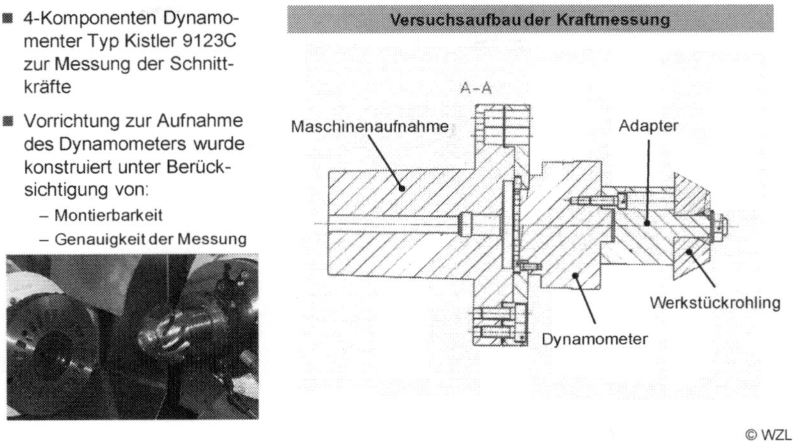

Bild 5.19: Versuchsaufbau der Kraftmessung
Set Up for the Cutting Force Measurement

Zur Messung der Schnittkräfte wurde ein Dynamometer vom Typ Kistler 9123C eingesetzt. Bei diesem Typ kommen piezoelektrische Kraftaufnehmer zum Einsatz. Sie haben eine große Empfindlichkeit bei gleichzeitig großer Linearität. Diese Eigenschaften führen zu einer großen Messgenauigkeit. Zusätzlich kann der verwendete Aufnehmer die Kräfte in drei Raumrichtungen messen und gleichzeitig das Moment um seine Drehachse. In dem Bild ist das Schnittkraftdynamometer mit der Nummer 5 gekennzeichnet.

Das Schnittkraftdynamometer muss im Kraftfluss der Maschine liegen. Aus diesem Grund musste eine Vorrichtung konstruiert werden, mit deren Hilfe das Dynamometer an der Aufnahme der Maschine befestigt werden kann. Die Aufnahme ist mit der Nummer 2 gekennzeichnet. Bei der Konstruktion ist darauf geachtet worden, dass die Anlagefläche zur Maschine mit einer großen Genauigkeit gefertigt wurde, um so Positionierungsfehler zu vermeiden. Das Gleiche gilt für die Aufnahme des Schnittkraftdynamometers.

Gleichzeitig muss an dem Dynamometer das Werkstück befestigt werden. Dabei gilt zu beachten, dass das Werkstück nahe an der Messvorrichtung positioniert wird, um die Ergebnisse nicht zu verfälschen. Die Dimensionierung der Aufnahme hat sich nach zwei Kriterien gerichtet. Zum einen existiert eine Empfehlung des Herstellers, nach der ein Kraftangriffspunkt einen gewissen Abstand zum Dynamometer nicht überschreiten darf. Zum anderen muss der Abstand nach Möglichkeit sehr groß gewählt werden, um eine Kollision zwischen Werkzeug und Schnittkraftdynamometer zu vermeiden. Die Dimensionierung ist so gewählt worden, dass gerade keine Kollision auftritt. Das hat dazu geführt, dass der Abstand des Kraftangriffspunktes auch innerhalb der Toleranzen des Herstellers liegt.

Die Aufnahme des Ritzels ist mit einer Zentrierbohrung realisiert worden, wobei das Ritzel durch eine Mutter eingespannt wird. Dadurch kann auch eine genaue Positionierung des Ritzels bei gleichzeitiger Reduzierung des Ausrichtaufwands gewährleistet werden. Der Einbau des Schnittkraftdynamometers zeigt Bild 5.19, links. In diesem Bild sind die Vorrichtung, das Werkzeug und das Ritzel zu erkennen.

Die vorgestellte Vorrichtung ist benutzt worden, um Versuche an realen Bauteilen durchzuführen. Während dieser Versuche wurden die Prozesskräfte mithilfe des Schnittkraftdynamometers gemessen. In **Bild 5.20** ist die gemessene Kraft der berechneten gegenübergestellt.

- Werkstückdaten
  - z = 17
  - m_{nm} = 3,19 mm
  - β_m = -42,5°
  - d_{ae} = 95,8 mm
- Werkzeugdaten
  - h = 9,9 mm
  - r_{H0} = 0,84 mm
  - α_{fx} = 8,7° α_{fv} = 27,9°
- Prozessdaten
  - Wälzen
  - v_c = 280 m/min

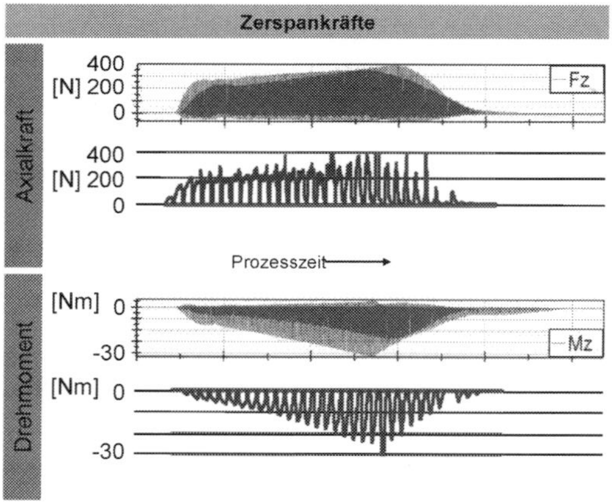

© WZL

Bild 5.20: Vergleich der gemessenen und simulierten Prozesskräfte für v_w = 600°/min
Comparison of the Measured and Simulated Cutting Forces for v_w = 600°/min

In der oberen Hälfte des Bildes sind die Axialkräfte zu erkennen. Das obere Diagramm zeigt die gemessenen Zerspankräfte und das untere Diagramm die simulierten. Der Verlauf der gemessenen Zerspankräfte in Axialrichtung zeigt zu Beginn des Bearbeitungsprozesses einen starken Anstieg der Kraft. Aufgrund der Zunahme der Spanungsbreiten steigen die Zerspankräfte an. Daran schließt sich ein Bereich an, in dem die Zerspankräfte über die Prozesszeit langsam ansteigen. Hier nimmt die Spanungsbreite nur langsam zu. Dann wird ein Maximum erreicht und die Spanungsdicken fallen anschließend sehr schnell auf Null ab. In diesem Bereich wird das Ritzel ausgewälzt und die Spanungsbreiten werden wieder kleiner.

Ein gleichartiger Verlauf ist bei der simulierten Zerspankraft zu erkennen. Auch hier befindet sich ein Bereich, in dem die Zerspankräfte nur langsam größer werden. Des Weiteren fällt auf, dass der Betrag der Zerspankräfte für Simulation und Versuch sehr gut übereinstimmt. Sowohl bei dem realen Versuch, als auch bei der Simulation wird ein Maximalwert von etwa $F_z = 400$ N erreicht. Das zeigt, dass nicht nur die Zerspanbedingungen aufgrund des Verlaufs der Kraft gleich sind, sondern auch, dass der Betrag der Kraft mit dem verwendeten Algorithmus, basierend auf der Spanungsdickenberechnung, sehr gut abgeschätzt werden kann.

In der unteren Hälfte von Bild 5.20 sind die Momente um die Drehachse des Ritzels beim Zerspanvorgang aufgetragen. Da es sich bei dem hier vorliegenden Fertigungsverfahren um ein wälzendes Verfahren handelt, können die Kräfte in x- oder y-Richtung nur schwer zum Vergleich herangezogen werden. Bei der Fertigung dreht sich das Ritzel um seine Drehachse und die Komponenten verändern ihre Richtung. Aus diesem Grund wird das Moment um die Drehachse ausgewertet. Das Drehmoment ist unabhängig von der Drehung des Ritzels.

Der Verlauf zeigt zunächst einen konstanten Anstieg des Drehmoments bis ein Maximum erreicht wird. Dann fallen die Momente wieder bis auf Null ab. Der gleiche Verlauf ist bei den simulierten Drehmomenten zu beobachten. Auch hier stimmen die Beträge zwischen den berechneten und den gemessenen Drehmomenten sehr gut überein. Sie liegen bei etwa $M_z = 20$ Nm.

Dieser Vergleich zeigt, dass die Berechnungen sehr gut mit der Realität übereinstimmen. In dem Simulationssystem werden die Zerspankräfte aus sehr vielen anderen Spanbildungsparametern berechnet, vgl. Seite 57. Da die resultierenden Zerspankräfte sehr gut übereinstimmen, können die zugrunde liegenden Spanbildungskenngrößen als korrekt berechnet aufgefasst werden.

Die durchgeführten Untersuchungen verdeutlichen, dass bei wälzenden Kegelradfräsprozessen die Spanungsdicken und vor allem deren Verteilung nur schwer im Vorfeld abzuschätzen sind. Im Allgemeinen bewirkt eine Vergrößerung der Wälzgeschwindigkeit auch eine Vergrößerung der Spanungsdicken. Die Verteilung der Spanungsdicken und die Spanformen bleiben annähernd konstant, aber der Betrag der Belastung verändert sich. Daraus folgt eine Belastung der Schneidkante in Form eines Lastkollektives aus verschieden dicken Spänen. Das ermöglicht eine Analyse der realen Verschleißerscheinungen am Werkzeug. So kann zum Beispiel versucht werden das Profil der Belastungen derart zu verändern, dass im Idealfall alle Bereiche des Stabmessers gleich belastet werden, und so die Standzeit des Werkzeugs maximiert wird. Dies kann durch eine Anpassung der Werkzeuggeometrie, der Prozessparameter oder mithilfe von veränderten Prozessstrategien geschehen. Aus diesem Grund ist im folgenden Kapitel die Strategie eines wälzenden Fertigungsprozesses verändert worden. Um zusätzlich die berechneten Spanbildungskennwerte mit dem realen Prozess zu vergleichen, sind diese auch den realen Ergebnissen gegenübergestellt worden.

5.3 Variation der Prozessstrategie bei einem Wälzprozess

Variation of the Rolling Process for a Pinion

Nicht nur die Prozessparameter, wie z. B. der Wälzvorschub v_w oder die Schnittgeschwindigkeit v_c, haben einen großen Einfluss auf die Werkzeugbelastung. Einen ebenfalls sehr großen Einfluss hat die Prozessstrategie. Zum einen kann die Wälzrichtung geändert werden. So kann von der Zehe zur Ferse des Ritzels oder entgegengesetzt gewälzt werden. Zum Anderen kann auch ein weiterer Tauchzyklus vor dem wälzenden Prozess durchgeführt werden. So besteht die Möglichkeit, dass bereits ein Teil des Werkstückmaterials aus der Lücke entfernt wurde, bevor der wälzende Prozess beginnt. Dadurch kann der wälzende Prozess dann schneller durchgeführt werden. Bei Kenntnis der Zerspanbedingungen, könnte der zusätzliche Tauchprozess aber auch für eine Verbesserung der Bedingungen im wälzenden Prozess eingesetzt werden.

Da bisher nur wenig darüber bekannt ist, wie sich die Zerspanbedingungen in Abhängigkeit von der Prozessstrategie verändern, sollen diese Strategien in diesem Kapitel miteinander verglichen werden. Aus diesem Grund ist ein wälzender Prozess gewählt worden, bei dem einmal beispielhaft die Wälzrichtung verändert wurde und ein zusätzlicher Tauchprozess ausgeführt wurde. Die Daten der Prozesse sind in **Bild 5.21** gezeigt.

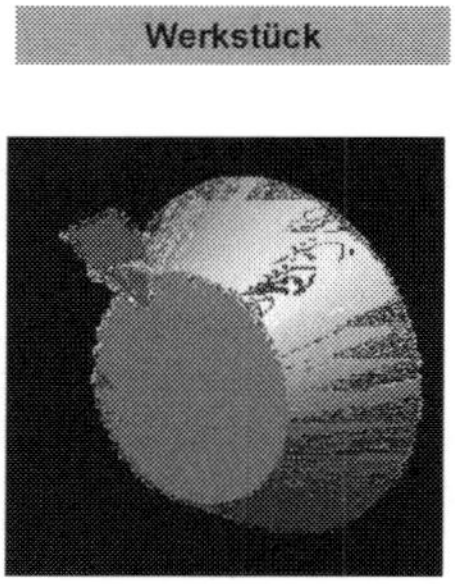

- Prozessdaten:
  - Einfach wälzender Prozess ohne Tauchen, Einzelteilend
  - α_m = 75°, α_{start} = 55°, α_{ende} = 91°
  - Schnittgeschwindigkeit v_c = 230 m/min
  - Wälzgeschwindigkeit v_w = 700 °/min
  - Variation der Prozessstrategie:
    - Grundvariante: Vorwärtswälzen
    - Rückwärtswälzen
    - Zusätzliches Tauchen bei α_m = 75°
- Werkzeugdaten: ARCON II 16-7,5" TWIN-Blade
  - Stabmesser:
    - h = 12 mm
    - r_{H0} = 1,1 mm
    - α_{fx} = 30° α_{fv} = 10°
- Werkstückdaten:
  - z = 17
  - m_{nm} = 3,5 mm
  - β_m = -46,75°
  - d_{ae} = 122 mm

© WZL

Bild 5.21: Simulierter Fertigungsprozess und Variationsdaten
Data for the Simulated Processes

Beim Werkstück handelt es sich um ein Ritzel mit einer Zähnezahl von z = 17. Dabei hat das Ritzel einen mittleren Normalmodul von m_{nm} = 3,5 mm und einen mittleren Spiralwinkel von β_m = -46,75°. Dieses Ritzel wird mit einem ARCON II 16-7,5" Messerkopf hergestellt. Bei diesem Messerkopf handelt es sich um einen TWIN Messerkopf. Das bedeutet, dass bei diesem Messerkopf keine Innen- und Außenschneider existieren. Ein Stabmesser erzeugt sowohl die konkave, als auch die konvexe Flanke. Es handelt sich um einen einzelteilenden Fertigungsprozess. Die weiteren Daten des Stabmesserprofils sind dem Bild zu entnehmen.

Mit diesem Messerkopf wird das Kegelritzel mit einem einfach wälzenden Prozess hergestellt. In der Grundvariante liegt der mittlere Wälzwinkel bei $\alpha_m = 75°$. Im Fertigungsprozess variiert der Wälzwinkel von $\alpha_1 = 55°$ bis $\alpha_2 = 91°$. Die Schnittgeschwindigkeit liegt bei $v_c = 230$ m/min. Der Vorschub wird über den Wälzvorschub mit $\dot{v}_w = 700$ °/min festgelegt. Für diese Grundvariante sind reale Versuche durchgeführt worden, welche mit den simulierten Ergebnissen verglichen wurden.

Die Variation der Prozessstrategie besteht darin, dass die Wälzrichtung geändert wurde, und ein zusätzlicher Tauschprozess durchgeführt wurde. Beim Rückwärtswälzen verändert sich der Wälzwinkelbereich im Bearbeitungsprozess von $\alpha_1 = 91°$ über den konstant gehaltenen mittleren Wälzwinkel bis $\alpha_2 = 55°$. Alle anderen Bedingungen sind konstant gehalten worden. Dabei gilt es zu berücksichtigen, dass sich der Fertigungsprozess von Gleichlauf in Gegenlauf umkehrt, da die Drehrichtung des Messerkopfes gleich bleibt,

Des Weiteren existiert beim Kegelradfräsen auch die Möglichkeit, dem Wälzen einen Tauchzyklus vorzuschalten. Das führt dazu, dass beim Wälzen weniger Werkstückmaterial zerspant werden muss. Dadurch kann beim Wälzen ein größerer Wälzvorschub verwendet werden. Gleichzeitig kann versucht werden, durch einen zusätzlichen Tauchprozess die Zerspanbedingungen hinsichtlich der Werkzeugbelastung für den wälzenden Prozess zu verbessern. Aus diesem Grund sollen in diesem Kapitel auch die Einflüsse des zusätzlichen Tauchprozesses untersucht werden. Der Tauchprozess wird in diesem Beispiel bei dem mittleren Wälzwinkel $\alpha_m = 75°$ durchgeführt. Dieser Winkel ist gewählt worden, weil hier im Tauchprozess das meiste Werkstückmaterial zerspant wird. Außerdem ist aus den in Kapitel 5.2 gezeigten Untersuchungen bekannt, dass bei einem wälzenden Prozess die größten Spanungsdicken etwa bei der mittleren Wälzposition auftreten.

Da es sich bei den vorgestellten Fertigungsprozessen um einen Bearbeitungsprozess mit einem anderen Werkzeug handelt, ist auch der Verlauf der Spanungsdicken unterschiedlich. Aus diesem Grund zeigt **Bild 5.22** den Verlauf der unverformten Spanformen für die Grundvariante.

In der oberen Hälfte des Bildes sind die simulierten unverformten Späne zu erkennen. Da es sich bei dem simulierten Prozess um einen Prozess mit TWIN Messern handelt, ist keine Aufteilung nach Innen- und Außenschneider notwendig. In der unteren Hälfte sind real gefertigte Späne abgebildet. Durch diese Gegenüberstellung kann ein direkter Vergleich zwischen Simulation und realem Fertigungsprozess gezogen werden.

Die Simulation zeigt, dass zu Beginn des Bearbeitungsprozesses ein Span erzeugt wird, der ausschließlich an einer Seite des Stabmessers Material zerspant. Dieser ist im links oben in dem Diagramm abgebildet. Der Bereich in dem die großen Spanungsdicken auftreten stellt den Kopf des Messers dar. Der Wälzprozess ist zu diesem Zeitpunkt noch nicht so weit fortgeschritten, dass an beiden Flankenseiten geschnitten wird. Diese Geometrie des unverformten Spans ähnelt sehr stark der Geometrie eines Spans, der mit Innen- und Außenschneider erzeugt wurde. Hier treten die größten Spanungsdicken ebenfalls im Bereich des Kopfes des Stabmessers auf. In diesem Fall kommt erst eine Flanke der Stabmesser in Eingriff. Die Geometrie des unverformten Spans lässt sich auch bei den realen und verformten Spänen erkennen. Die realen Späne sind aufgerollt. Davon abgesehen ist deutlich ein Bereich zu erkennen, der durch den Kopf des Stabmessers und ein weiterer, der durch die Flanke des Stabmessers erzeugt wurde. Da an der Flanke nur sehr kleine Spanungsdicken auftreten, ist der reale Span sehr stark beschädigt. Hier kommt es durch die großen Verformungen während der Spanbildung zu Einrissen und Brüchen. Der Bereich des Spans, der durch den Kopf des Stabmessers zerspant wurde, ist dagegen nicht zerrissen.

- Werkstückdaten
  - $z = 17$
  - $m_{nm} = 3{,}5$ mm
  - $\beta_m = -46{,}75°$
  - $d_{ae} = 122$ mm
- Werkzeugdaten
  - $h = 12$ mm
  - $r_{H0} = 1{,}1$ mm
  - $\alpha_{fx} = 30°$ $\alpha_{fv} = 10°$
- Prozessdaten
  - Grundvariante: Vorwärtswälzen
  - $v_c = 230$ m/min
  - $v_w = 700$ °/min

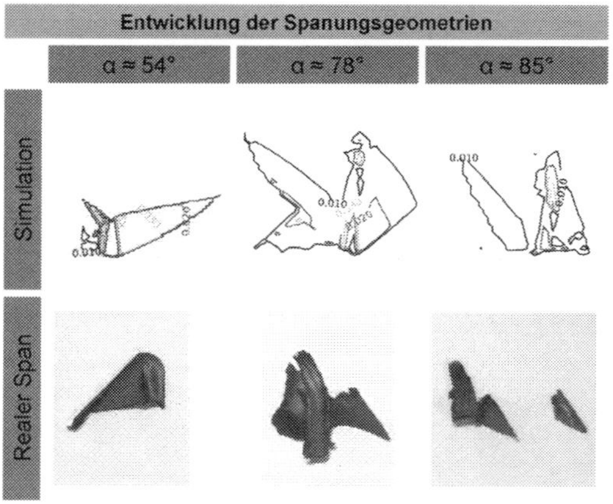

© WZL

Bild 5.22: Abhängigkeit der Spanungsgeometrie über den Prozessfortschritt bei der Grundvariante (Vorwärtswälzen)
Chip Shape over the Rolling Position for the Base Process (Forward Roll)

In der Mitte des Bearbeitungsprozesses hat sich der Bereich ausgedehnt, welcher an dem Zerspanvorgang teilnimmt. Jetzt schneiden beide Flanken gleichzeitig. Das ist auch deutlich im unverformten Span der Simulation zu erkennen. Die Spangeometrie für die konkave und konvexe Flanke zeigt eine unterschiedliche Form. Dieses Verhalten war auch schon in Bild 5.9 zu erkennen. Hier kommt es aufgrund der wälzenden Bewegung zu unterschiedlichen Effekten an den Flanken. Auf der konkaven Flanke ist ein ausgedehnter Span mit einer gebogenen Form über der Flanke zu erkennen. Wohingegen auf der konvexen Flanke der Span kleinere Ausmaße in Breitenrichtung aufweist. Im realen Fertigungsprozess lassen sich diese Spangeometrien ebenfalls wiederfinden. Bei dem realen Span ist ein mittlerer Bereich mit einer großen Spanungsdicke zu erkennen. Hier treten nur kleine Verformungen auf. An den Flanken sind die stark aufgewickelten Späne sichtbar. Hierbei handelt es sich um stark ausgeprägte Dreiflankenspäne.

Am Ende des Wälzprozesses hat sich die Spanform weiter verändert. Es nimmt nur noch eine Flanke des Stabmessers am Zerspanvorgang teil. Jedoch fällt bei der Simulation auf, dass dieser Span zweigeteilt ist. Gegen Ende des Wälzprozesses schneidet der Kopf und ein Bereich der Flanke des Stabmessers. Diese Spangeometrie lässt sich auch bei den real durchgeführten Versuchen wiederfinden. Es kann festgestellt werden, dass die Späne eine sehr kleine Abmessung besitzen. Der Span selbst ist sehr wenig aufgerollt. Aus diesem Grund lassen sich die Ergebnisse sehr gut mit den Simulationen vergleichen und die Ergebnisse zeigen eine gute Übereinstimmung.

Der gezeigte Verlauf der Spanungsdicken führt zu einem Kollektiv an Belastungen der Schneidkante. Um einen Überblick zu erhalten, werden zunächst die Spanungsdicken - Histogramme betrachtet. Diese geben einen guten Überblick über die gesamten im Prozess angefallenen Belastungen der Schneidkante. **Bild 5.23** zeigt das Histogramm der Grundvariante.

- Werkstückdaten
  - z = 17
  - m_{nm} = 3,5 mm
  - β_m = -46,75°
  - d_{ae} = 122 mm
- Werkzeugdaten
  - h = 12 mm
  - r_{H0} = 1,1 mm
  - α_{fx} = 30° α_{fv} = 10°
- Prozessdaten
  - Grundvariante: Vorwärtswälzen
  - v_c = 230 m/min
  - v_w = 700 °/min

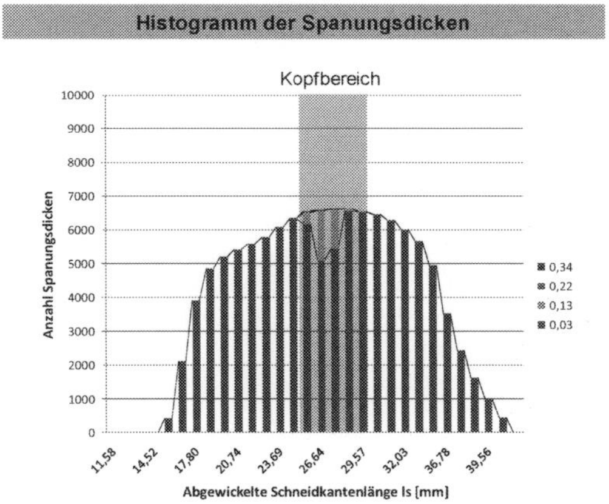

© WZL

Bild 5.23: Histogramm der Spanungsdickenverteilung über die abgewickelte Schneidkantenabwicklung für die Grundvariante (Vorwärtswälzen)
Histogram of the Chip Thickness Distribution over the Unwound Cutting Edge for the Base Process (Forward Roll)

Eine Unterscheidung der Ergebnisse nach Innen- und Außenschneider ist, wie bereits bei den vorangegangenen Ergebnissen erläutert, nicht notwendig. Dementsprechend sind in dem gezeigten Histogramm an beiden Flanken, in der linken und rechten Hälfte, Spanungsdicken aufgetragen. Dies entspricht auch den Ergebnissen aus dem Verlauf der Spangeometrie. Wird der Verlauf der Spanungsdickenverteilung näher betrachtet, so fällt auf, dass auf der konvexen und der konkaven Flanke unterschiedliche Verteilungen zu erkennen sind. Auf der konvexen Flanke, in der linken Hälfte des Diagramms, ist ein plötzlicher Anstieg in der Anzahl der Spanungsdicken bis zur Mitte der Flanke zu erkennen. Dann steigt die Anzahl der Spanungsdicken nur sehr langsam bis zum Kopf des Stabmessers an. An der gesamten Flanke treten ebenfalls nur kleine Spanungsdicken auf.

Im Bereich des Kopfes der Stabmesser sind nur kleine Änderungen in der Anzahl der Spanungsdicken zu erkennen. Hier treten jedoch große Spanungsdicken im Vergleich zu den Flanken auf. Im Bereich der konkaven Flanke sind wiederum nur kleine Spanungsdicken zu erkennen. Bis zum Fuß des Stabmessers fallen diese degressiv ab. Ein Vergleich des Histogramms zu den Ergebnissen aus Kapitel 5.2 zeigt, dass der Verlauf der Spanungsdicken bei dieser Prozessvariante etwa dem addierten Verlauf von Innen- und Außenschneider entspricht. Dies ist leicht verständlich, da auch die Geometrien der unverformten Späne einer Überlagerung aus Innen- und Außenschneider entsprach. Dieses Histogramm ergibt einen guten Gesamteindruck über die Belastungen an der Schneidkante aller Stabmesser über den gesamten Fertigungsprozess.

Die Ergebnisse zeigen, dass dieser Verlauf als typisch für die gezeigten wälzenden Fertigungsprozesse angesehen werden kann. Durch eine Variation von Gleichlauf zum Gegenlauf ist anzunehmen, dass sich dieses Profil ändert. Aus diesem Grund ist das Histogramm der Spanungsdickenverteilung für die rückwärts wälzende Prozessstrategie in **Bild 5.24** gezeigt.

- Werkstückdaten
  - z = 17
  - m_{nm} = 3,5 mm
  - β_m = -46,75°
  - d_{ae} = 122 mm
- Werkzeugdaten
  - h = 12 mm
  - r_{H0} = 1,1 mm
  - α_{fx} = 30° α_{fv} = 10°
- Prozessdaten
  - Zurückwälzen
  - v_c = 230 m/min
  - v_w = 700 °/min

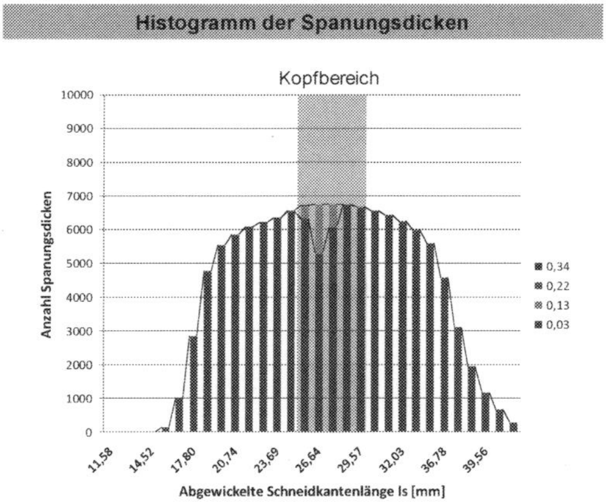

Bild 5.24: Histogramm der Spanungsdickenverteilung über die abgewickelte Schneidkantenabwicklung für das Zurückwälzen
Histogram of the Chip Thickness Distribution over the Unwound Cutting Edge for the Backward Roll

Die Ergebnisse zeigen, dass, im Gegensatz zur Annahme, eine Veränderung der Prozessstrategie zum Rückwärtswälzen keinen wesentlichen Einfluss auf die Spanungsdickenverteilung hat. Jeweils an den Flanken steigt die Anzahl der Spanungsdicken bis zum Kopf des Stabmessers an. Die größte Anzahl der Spanungsdicken ist auch bei dieser Prozessvariante am Kopf des Stabmessers zu erkennen. Hier treten die größten Spanungsdicken auf. Ein Unterschied im Verlauf der Spanungsdicken ist nur schwer zu erkennen.

Diese Ergebnisse erscheinen zunächst verwunderlich, da im Vorfeld von einer größeren Änderung der Spanungsdicken auszugehen war. Aus diesem Grund sollen die genauen Unterschiede anhand der Differenzen zur Grundvariante gezeigt werden, **Bild 5.25**.

- Werkstückdaten
  - z = 17
  - m_{nm} = 3,5 mm
  - β_m = -46,75°
  - d_{ae} = 122 mm
- Werkzeugdaten
  - h = 12 mm
  - r_{H0} = 1,1 mm
  - α_{fx} = 30° α_{fv} = 10°
- Prozessdaten
  - Differenz Rückwärtswälzen zur Grundvariante
  - v_c = 230 m/min
  - v_w = 700 °/min

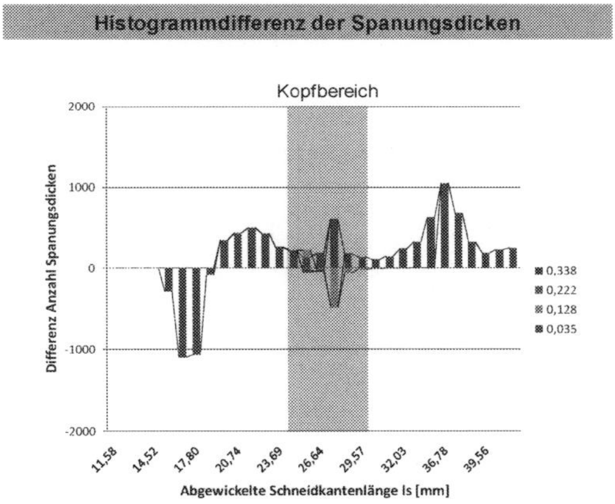

© WZL

Bild 5.25: Differenz der Histogramme zwischen Vor- und Zurückwälzen
Difference of the Histogram between Forward and Backward Roll

Aus der Differenz wird deutlich, dass die Wälzrichtung durchaus Einflüsse auf die Verteilung der Spanungsdicken hat. Bereits an den Flanken treten Unterschiede auf. An der konvexen Flanke, linke Seite des Diagramms, werden am Fuß des Stabmessers weniger Spanungsdicken berechnet. Dieser Effekt kehrt sich im weiteren Verlauf zum Kopf des Stabmessers um. Im Gegensatz dazu werden in Richtung des Kopfes der Stabmesser mehr kleine Spanungsdicken berechnet.

Am Kopf des Stabmessers sind ebenfalls Unterschiede zu erkennen. Hier wird deutlich, dass beim Rückwärtswälzen weniger große Spanungsdicken aber mehr kleine Spanungsdicken berechnet werden. An der konkaven Flanke, in der rechten Hälfte des Bildes ergibt sich ebenfalls ein abweichender Verlauf. Bis zur Mitte der Flanke steigen die kleinen Spanungsdicken an, bis sie ein Maximum erreichen. Die Anzahl der Spanungsdicken fällt dann wieder bis zum Fuß des Stabmessers ab.

Diese Unterschiede zeigen, dass die Änderung der Wälzrichtung einen Einfluss auf die Verteilung der Spanungsdicken hat. Wenn im Bearbeitungsprozess die Wälzrichtung umgekehrt wird, nimmt zuerst die gegenüberliegende Flanke am Zerspanprozess teil. Dadurch wird ersichtlich, dass durch die Umkehr der Wälzrichtung die Zahnform zu unterschiedlichen Zeitpunkten im Bearbeitungsprozess und durch andere Punkte der Werkzeugschneide erzeugt wird. Dies ist auch bei einer genauen Betrachtung der Histogrammdifferenz zu erkennen. In der linken Hälfte des Diagramms ist eine Umkehr in der Anzahl der Spanungsdicken von negativ zu positiv zu erkennen. Diese Umkehr tritt nach dem steilen Anstieg in der gesamten Anzahl der Spanungsdicken auf, vgl. Bild 5.24. Das bedeutet, dass in dem steilen Anstieg insgesamt weniger Spanungsdicken berechnet werden, wohingegen in dem anschließenden flachen Bereich mehr Spanungsdicken berechnet werden. Daraus lässt sich schließen, dass mehr Werkstückmaterial durch den Kopfbereich des Stabmessers zerspant wird.

Ein ähnliches Phänomen ist an der konkaven Flanke des Stabmessers zu beobachten. Hier werden insgesamt mehr Spanungsdicken berechnet. Das Maximum der Differenz befindet sich ebenfalls an der Stelle, an welcher sich ein Wendepunkt im Verlauf der Spanungsdicken befindet. Es hat also den Anschein, als ob die konkave Flanke nun nicht mehr hauptsächlich durch den Kopf des Stabmessers, sondern durch die Flanke erzeugt wird. Die Wälzrichtung hat also einen wesentlichen Einfluss auf die Verteilung der Spanungsdicken im Prozess. Diese Verteilung hat wiederum einen Einfluss auf die Belastung der Schneidkante.

Einen deutlicheren Einfluss auf die Verteilung der Spanungsdicken lässt eine Prozessvariation in Form eines zusätzlichen Tauchprozesses erahnen. Um den quantitativen Einfluss darzustellen, zeigt **Bild 5.26** das Histogramm dieses Prozesses. In dem Diagramm sind nicht die berechneten Spanungsdicken für den zusätzlichen Tauchzyklus aufgetragen, sondern die des wälzenden Zyklus.

- Werkstückdaten
  - z = 17
  - m_{nm} = 3,5 mm
  - β_m = -46,75°
  - d_{ae} = 122 mm
- Werkzeugdaten
  - h = 12 mm
  - r_{H0} = 1,1 mm
  - α_{fx} = 30° α_{fv} = 10°
- Prozessdaten
  - Vorwärtswälzen mit Tauchzyklus
  - v_c = 230 m/min
  - v_w = 700 °/min

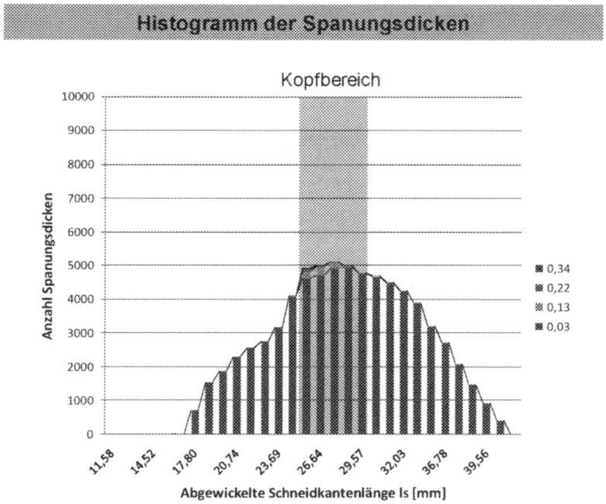

© WZL

Bild 5.26: Histogramm der Spanungsdickenverteilung über die abgewickelte Schneidkantenabwicklung für das Vorwärtswälzen mit Tauchzyklus
Histogram of the Chip Thickness Distribution over the Unwound Cutting Edge for the Forward Roll with Plunge

Der Verlauf ist ähnlich zu den zuvor gezeigten Untersuchungen. An der konvexen Flanke des Stabmessers, in der linken Hälfte des Diagramms, steigt die Anzahl der berechneten Spanungsdicken vom Fuß in Richtung Kopf des Stabmessers an. Dabei tritt ein Plateau in der Mitte der Flanke auf. In Richtung Kopf steigt die Anzahl der berechneten Spanungsdicken dann weiter an. Am Kopf wird schließlich ein Maximum erreicht. Hier werden auch die größten Spanungsdicken berechnet. Im Bereich der konkaven Flanke fällt die Anzahl der Spanungsdicken dann konstant in Richtung des Fußes des Stabmessers ab. Auf beiden Flankenseiten werden nur sehr kleine Späne erzeugt.

Ein Vergleich des Histogramms zu den zuvor durchgeführten Untersuchungen zeigt deutlich Unterschiede. Insgesamt werden weniger Spanungsdicken für den wälzenden Prozess berechnet. Es gilt zu berücksichtigen, dass der Tauchzyklus eine zusätzliche Belastung auf die Schneidkante ausübt. Des Weiteren tritt eine Differenz in der Anzahl der Spanungsdicken zwischen konkaver und konvexer Flanke auf. Diese Unterschiede sind in **Bild 5.27** quantifiziert.

- Werkstückdaten
  - z = 17
  - m_{nm} = 3,5 mm
  - β_m = -46,75°
  - d_{ae} = 122 mm
- Werkzeugdaten
  - h = 12 mm
  - r_{H0} = 1,1 mm
  - α_{fx} = 30° α_{fv} = 10°
- Prozessdaten
  - Differenz Vorwärtswälzen mit Tauchen zur Grundvariante
  - v_c = 230 m/min
  - v_w = 700 °/min

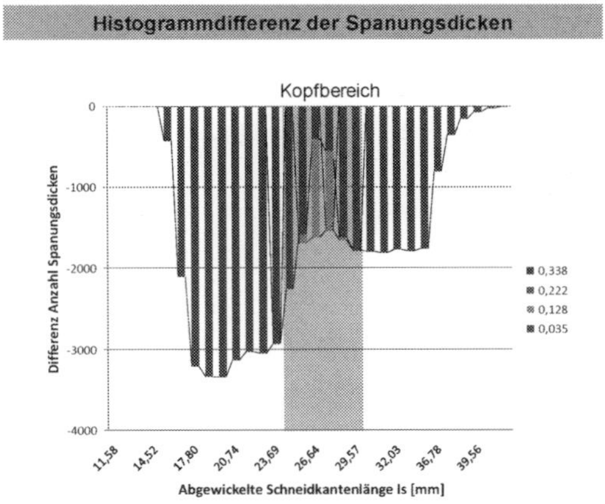

© WZL

Bild 5.27: Differenz der Histogramme zwischen Vorwärtswälzen und Vorwärtswälzen mit Tauchzyklus
Difference of the Histogram between Forward Roll and Forward Roll with Plunge

Aus dieser Histogrammdifferenz wird direkt ersichtlich, dass über den gesamten Wälzprozess durch den zusätzlichen Tauchzyklus weniger Spanungsdicken berechnet werden. Die Differenz der berechneten Spanungsdicken ist auf beiden Flanken negativ. Das führt dazu, dass die Schneidkante im Wälzprozess weniger belastet wird. Dieses Verhalten ist verständlich, da durch den Tauchprozess bereits eine Lücke vorhanden war, und weniger Material zerspant werden muss. Insbesondere fällt auf, dass im Bereich des Kopfes der Stabmesser vor allem weniger große Spanungsdicken berechnet werden. Das macht deutlich, dass auch bei einem wälzenden Fertigungsprozess die Hauptlast der Zerspanung am Kopf des Stabmessers auftritt.

Besonders interessant an diesen Untersuchungen ist die Tatsache, dass an der konvexen Flanke die Differenz der Spanungsdicken größer ist als an der konkaven Flanke, obwohl der zusätzliche Tauchzyklus an der mittleren Wälzposition durchgeführt wurde. Dieses Verhalten lässt sich mit der unterschiedlichen Länge der Eingriffslinie vom Anfangs- und Endpunkt bis zum mittleren Wälzpunkt erklären. Bei der einlaufenden Flanke werden so am größeren Durchmesser des Ritzels mehr Spanungsdicken berechnet. Die Winkelbereiche für den Ein- und Auslauf beim Abwälzen sind unterschiedlich. Wenn nun der wälzende Fertigungsprozess auf das Abwälzen des Erzeugungsplanrades mit dem Ritzel reduziert wird, ergeben sich auch in diesem Fall unterschiedliche Grenzen für den Start und das Ende des Wälzwinkels. Werden die Wälzgrenzen aus Bild 5.21 betrachtet, so liegt die Mitte des Wälzbereichs bei $\alpha = 73°$. Der mittlere Wälzwinkel liegt aber bei $\alpha_m = 75°$. Durch diese Differenz tritt eine ungleichmäßige Verteilung der Spannungsdicken auf.

Die Histogramme beinhalten sehr viele Informationen. Deswegen ist daraus nicht direkt abzulesen, wie die maximale und mittlere Belastung der Schneidkante in Form von Spanungsdicken ist. Diese Informationen liefert **Bild 5.28**.

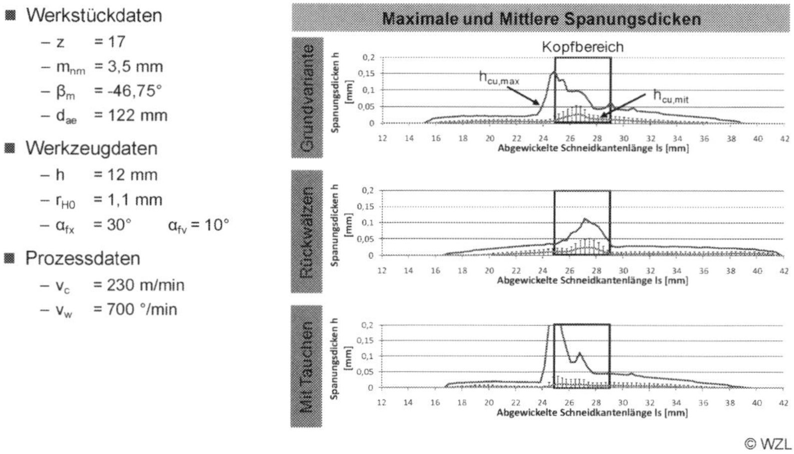

Bild 5.28: Statistische Auswertung der Spanungsdicken
Statistical Analysis of the Chip Thickness

In den Diagrammen sind die maximalen Spanungsdicken sowie die mittleren Spanungsdicken mitsamt der Standardabweichung als Streubreite aufgetragen. In dem oberen Diagramm befindet sich die statistische Auswertung der Spanungsdicken für die Grundvariante. Auf der konvexen Flanke treten bei den maximalen und den mittleren Spanungsdicken annähernd konstante Werte auf. Die Größe ändert sich nur wenig über die abgewickelte Schneidkantenlänge. In Richtung des Kopfes des

Stabmessers werden die Spanungsdicken größer. Ein Maximum wird am Übergang zwischen Flanke und Kopf erreicht. In Richtung der konkaven Flanke werden die Spanungsdicken wieder kleiner. Aber im Gegensatz zu der konvexen Flanke, links, sind die Spanungsdicken nicht konstant, sondern fallen über die Schneidkantenlänge ab. Wie auch schon in der Geometrie der unverformten Späne zu erkennen war, kommt es hier aufgrund der Wälzbewegung zu unterschiedlichen Effekten zwischen konvexer und konkaver Flanke. Diese Effekte wirken sich auch auf den Verlauf der Spanungsdicken aus.

Wird der Verlauf der maximalen und der mittleren Spanungsdicken für das Rückwälzen betrachtet, fallen Unterschiede auf. In dem Diagramm steigen die Spanungsdicken auf der konvexen Seite der Flanke des Stabmessers über die abgewickelte Schneidkantenlänge an. Im Gegensatz dazu sind die Spanungsdicken auf der konkaven Flanke nahezu konstant. Die Umkehr der Wälzrichtung bewirkt, dass der Verlauf der maximal auftretenden Spanungsdicken ebenfalls umgekehrt wird. Daraus kann geschlossen werden, dass allgemein an der einlaufenden Flanke eine Zunahme der Spanungsdicken auftritt, wohingegen an der auslaufenden Flanke konstante Spanungsdicken auftreten. Des Weiteren fällt auf, dass sich der Bereich der maximalen Spanungsdicken ebenfalls verlagert hat. Bei diesem Bearbeitungsprozess treten die maximalen Spanungsdicken am Übergang zwischen dem Kopf und der konkaven Flanke auf.

Den Einfluss eines zusätzlichen Tauchprozesses auf die maximalen und mittleren Spanungsdicken zeigt das unterste Diagramm aus Bild 5.28. Große Ähnlichkeiten zu dem Diagramm der Grundvariante sind zu erkennen. Der Verlauf der maximalen Spanungsdicken ist identisch. Der zusätzliche Tauchprozess hat also keinen Einfluss auf maximalen Spanungsdicken. Einzig das Maximum am Übergang zum Innenschneider erscheint sehr groß. Bei einer genaueren Betrachtung der Simulationsdaten fällt auf, dass es sich dabei um eine Ungenauigkeit in der Simulation. Im Bereich der Fußrundung treten an dieser Stelle große und verformte Dreiecke auf. Das führt zu einer ungenauen Abbildung der Geometrie und zu den großen maximalen Spanungsdicken. Die in Kap. 4.1.4 genannten Methoden zur Verfeinerung der Geometrie haben hier aufgrund der vielen Schnitte mit kleiner Spanungsdicke zu einer Verzerrung geführt. In zukünftige Arbeiten sollten diese Methoden weiter verfeinert werden.

Bei der mittleren Spanungsdicke ist aber ein Unterschied zu erkennen. Diese ist kleiner als bei der Grundvariante. Auch ist das Maximum im Verlauf am Kopf des Stabmessers nicht so ausgeprägt, wie bei der Grundvariante. Aus diesem Ergebnis lässt sich schließen, dass das Aufmaß von 0,1 mm, welches für den Wälzprozess erhalten wurde, ausreicht, um die maximalen Spanungsdicken zu bilden. Insgesamt ist die Belastung der Schneidkante durch die Spanungsdicken deutlich kleiner.

Bisher ist davon ausgegangen worden, dass die Spanungsdicken sich auch auf die Belastung der Schneidkante auswirken. Das ist zulässig, da bei der analytischen Berechnung der Zerspankräfte die Spanungsdicken einen wesentlichen Einfluss haben. Für eine weitere Verifikation der Ergebnisse sollen die berechneten Spanungsdicken mit den tatsächlichen Verschleißerscheinungen am Stabmesser verglichen werden. Aus diesem Grund zeigt **Bild 5.29** den Verschleiß der Stabmesser nach der Fertigung der Grundvariante.

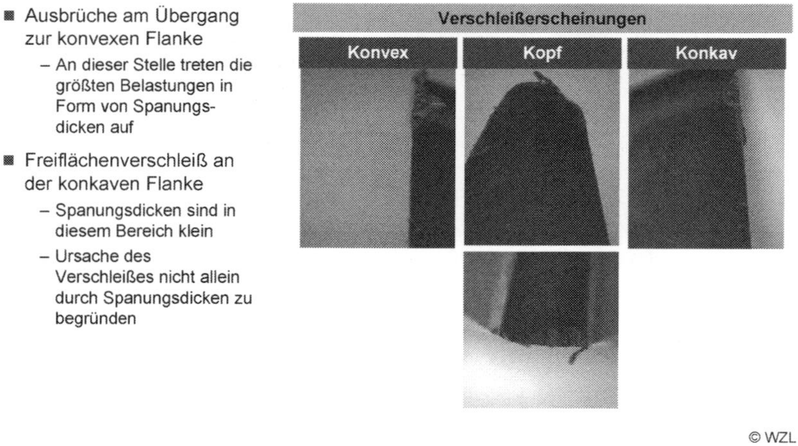

Bild 5.29: Verschleiß am Stabmesser nach der Fertigung der Grundvariante
Wear on the Cutting Blade after Manufacturing of the Base Process

Die Bilder zeigen den Verschleiß eines Stabmessers in verschiedenen Bereichen. In der Mitte ist der Kopf des Stabmessers zu erkennen. In der Draufsicht wird deutlich, dass Ausbrüche am Übergang zwischen Kopf und konvexer Flanke auftreten. Hier ist über einen weiten Bereich des Stabmessers ein Teil der Schneidkante weggebrochen. Dieser Ausbruch ist auch in der Fotografie der konvexen Flanke des Stabmessers zu erkennen. Hier wird deutlich, dass im Bereich des Kopfradius ein sehr weiter Bereich in Höhenrichtung ausgebrochen ist. Die Gründe hierfür liegen in der Verteilung der Spanungsdicken. Wie bereits in Bild 5.28 gesehen, sind genau in diesem Bereich bei der Grundvariante die Spanungsdicken am größten. Das deutet darauf hin, dass hier eine Überlastung der Schneidkante aufgetreten ist. Wegen der großen Spanungsdicken tritt in diesem Bereich eine sehr große Wechselbeanspruchung auf. Hier wird aber auch die größte Anzahl der Späne zerspant. Es bildet sich also ein Lastkollektiv aus einer relativ großen Belastung zusammen mit einer großen Anzahl der Belastungszyklen. Diesem Lastkollektiv konnte das Stabmesser nicht standhalten und es sind Ausbrüche aufgetreten.

Auf der konkaven Flanke sind weitere Verschleißerscheinungen zu erkennen. Es handelt sich um eine andere Art von Verschleiß. Hier tritt vorwiegend Freiflächenverschleiß auf. Die Ursachen des Freiflächenverschleißes liegen nicht in den Spanungsdicken begründet. Das Belastungsniveau aufgrund der Spanungsdicken ist in diesem Bereich kleiner als an anderen Stellen des Stabmessers, bei denen kein Verschleiß zu erkennen ist. Aus diesem Grund müssen die Ursachen für diese Art des Verschleißes anders zu begründen sein.

Eine weitere Ursache für den Freiflächenverschleiß kann in den Wirkwegen liegen. Wie bereits erläutert haben die Wirkwege auch einen Einfluss auf die Belastung der Stabmesser. Je größer die Wirkwege sind, desto mehr Werkstückmaterial wird von der Schneidkante zerspant. Aus diesem Grund zeigt **Bild 5.30** die Wirkwege der variierten Prozesse in Abhängigkeit von der abgewickelten Schneidkantenlänge.

- Werkstückdaten
  - z = 17
  - m_{nm} = 3,5 mm
  - β_m = -46,75°
  - d_{ae} = 122 mm
- Werkzeugdaten
  - h = 12 mm
  - r_{H0} = 1,1 mm
  - α_{fx} = 30° α_{fv} = 10°
- Prozessdaten
  - v_c = 230 m/min
  - v_w = 700 °/min

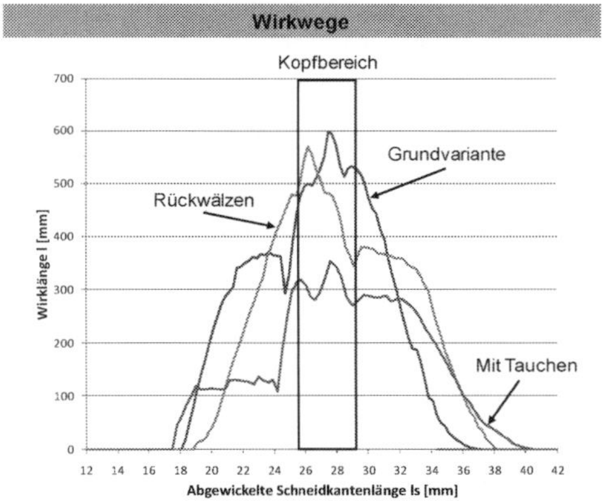

© WZL

Bild 5.30: Vergleich der Wirkwege
Comparison of the Resultant Cutting Path Length

Der Verlauf des Wirkwegs der Grundvariante über die abgewickelte Schneidkantenlänge zeigt, wie auch die Spanungsdicken, einen unterschiedlichen Effekt zwischen den Flanken. Auf der konvexen Flanke, in der linken Hälfte des Diagramms, steigen die Wirkwege schnell an. Es wird ein konstantes Niveau auf der Flanke erreicht. In Richtung des Kopfes der Stabmesser steigen die Wirkwege wieder schnell an, wobei ein Maximum erreicht wird. An der konkaven Flanke fallen die Wirkwege schließlich bis zum Fuß des Stabmessers stetig ab. Die unterschiedliche Form der Späne zwischen einlaufender und auslaufender Flanke ist die Ursache für den Verlauf der Wirkwege an den Flanken. Hier treten ähnliche Effekte wie bei dem Verlauf der Spanungsdicken auf. Die größten Wirkwege werden am Kopf des Stabmessers zurückgelegt, weil sich der Kopf von Begin bis zum Ende des Bearbeitungsprozesses im Eingriff befindet. Demzufolge werden hier insgesamt die größten Wirkwege berechnet. Auffällig an dem Verlauf ist, dass in dem Bereich, in dem der Freiflächenverschleiß auftritt, ebenfalls sehr große Wirkwege ermittelt werden. Die Wirkwege scheinen einen Einfluss auf den beobachteten Verschleiß zu haben. Dies kann aber nicht der alleinige Einflussfaktor sein, da in anderen Bereichen ebenfalls Wirkwege in dieser Größenordnung auftreten.

Bei einem Vergleich der Grundvariante zu der Rückwälzvariante fallen deutliche Unterschiede auf. Die Effekte zwischen den Flanken haben sich mit der Wälzrichtung umgekehrt. Bei dieser Prozessvariante steigt die Wirklänge an der konvexen Flanke stetig bis zum Kopf des Stabmessers an. An der konkaven Flanke fällt die Wirklänge stark ab und erreicht einen Bereich konstanter Wirklängen. Im Anschluss an diesem Bereich fallen die Wirklängen bis zum Fuß der Stabmesser ab. Diese Ergebnisse zeigen, dass eine Umkehr der Wälzrichtung auch eine Umkehr des Verlaufs der Wirklänge zur Folge hat. Der Verlauf der Wirklänge ist also abhängig davon, ob es sich um eine einlaufende oder auslaufende Flanke handelt.

Ein Vergleich der Grundvariante zu der Variante mit Tauchprozess zeigt, dass die Verläufe sehr ähnlich sind. An den Flanken der Stabmesser treten dieselben Effekte auf. Die Wirklänge hat sich jedoch insgesamt reduziert. Aufgrund der bereits vorhandenen Lücke treten die Stabmesser vorzeitig aus dem Werkstückmaterial aus, wodurch sich die Wirklänge reduziert. Zudem ist ein weiterer Effekt zu beobachten. Auf der konkaven Flanke fallen die Wirklängen nicht über die gesamte Schneidkantenabwicklung stetig ab. Es hat sich ein Plateau an dieser Schneide gebildet. Der zusätzliche Tauchprozess bei der mittleren Wälzposition hat die Kurve dahingehend modifiziert, dass im Bereich des Kopfes der Verlauf der Wirklängen den größten Änderungen unterliegt.

Die unterschiedlichen Wirkwege resultieren aus den Wirkbewegungen aufgrund der veränderten Prozessstrategie. Durch die Variation der Wirkbewegung verändern sich auch die effektiv angreifenden Winkel an der Schneidkante. Aus diesem Grund zeigt **Bild 5.31** den Verlauf der Wirk-Spanwinkel.

- Werkstückdaten
  - z = 17
  - m_{nm} = 3,5 mm
  - β_m = -46,75°
  - d_{ae} = 122 mm
- Werkzeugdaten
  - h = 12 mm
  - r_{H0} = 1,1 mm
  - α_{fx} = 30° α_{fv} = 10°
- Prozessdaten
  - v_c = 230 m/min
  - v_w = 700 °/min

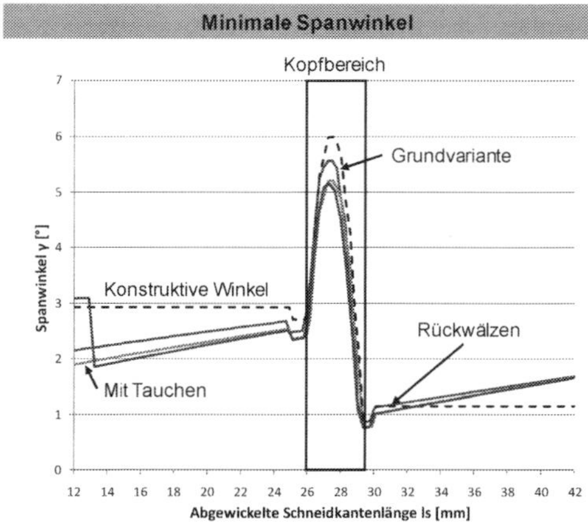

© WZL

Bild 5.31: Vergleich der konstruktiven und Wirk-Normalspanwinkel
Comparison of the Rake Angle and the Working Normal Rake

Die gestrichelte Linie zeigt den konstruktiven Normalspanwinkel. Diese liegen für die konvexe Flanke bei etwa 3° und bei der konkaven Flanke bei etwa 1°. Verglichen mit den Fertigungsprozessen aus Kapitel 5.2, bei denen Innen- und Außenschneider zum Einsatz kamen, sind diese Spanwinkel sehr klein. Da es sich bei dem hier simulierten Fertigungsprozess um einen Prozess mit TWIN Messern handelt, sind die konstruktiven Spanwinkel sehr begrenzt. Dieselbe Spanfläche muss sowohl für die konkave, als auch die konvexe Flanke die Späne ableiten. Das führt dazu, dass die Spanwinkel sehr klein werden. Im Bereich des Kopfes der Stabmesser steigen diese Winkel auf etwa 6° in der Normalebene an. Im Anschluss an den Kopf der Stabmesser schließt sich ein Bereich an, an denen die Spanwinkel kleiner sind als an der Flanke. Bei diesem Prozess kam eine Werkzeugschneide mit Protuberanz zum Einsatz. Dieser Bereich der Protuberanz ist auch anhand der Spanwinkel zu erkennen.

Werden die Wirk-Normalspanwinkel der Grundvariante betrachtet, fallen Unterschiede im Verlauf auf. Auf der konvexen Flanke in der linken Hälfte des Diagramms sind die Spanwinkel über der gesamten Schneidkante kleiner als die konstruktiven Normalspanwinkel. Sie werden im Verlauf der abgewickelten Schneidkante zum Kopf aber größer. Am Kopf steigen die Spanwinkel auf etwa 5° an. In dem Bereich, in denen die Ausbrüche auftraten, sind die Spanwinkel etwa 2,5°. Im weiteren Verlauf treten jedoch noch kleinere Spanwinkel auf. Die Wirk-Normalspanwinkel können also nicht die Ursache der Ausbrüche sein. Es scheint, dass die Belastung durch die Spanungsdicken der Haupteinfluss ist. Auf der konkaven Flanke sind die Wirk-Normalspanwinkel größer als die konstruktiv Vorgegebenen. Sie steigen in Richtung des Fußes der Schneidkante konstant an. Es fällt auf, dass im Bereich des Freiflächenverschleißes die kleinsten Wirk-Normalspanwinkel auftreten und damit die größten Belastungen aufgrund der Verformung des Spans. Die Wirk-Normalspanwinkel zeigen weiterhin, dass aufgrund der Wirkbewegung im Fertigungsprozess die Winkel von der konvexen zu der konkaven Flanke sich angleichen. Aufgrund der unterschiedlichen konstruktiven Spanwinkel an der Schneidkante, sind die Wirk-Spanwinkel im Bearbeitungsprozess an der konvexen und der konkaven Flanke annähend gleich.

Bei dem Prozess mit einem zusätzlichen Tauchzyklus fallen keine Unterschiede zu der Grundvariante auf. Die Bewegungen im Wälzprozess sind für beide Varianten gleich.

Bei einer Umkehrung der Wälzrichtung treten zusätzlich weitere Wirkbewegungen auf. Im gesamten Verlauf der Kurve ist zu erkennen, dass die Wirk-Normalspanwinkel kleiner sind als bei der Grundvariante. Die Veränderung der Wälzrichtung führ dazu, dass die Relativbewegung des Wälzvorschubes sich in Bezug auf die Schnittrichtung geändert hat. Die Veränderung der Wirkbewegung führt außerdem zu einer Veränderung der Wirk-Normalspanwinkel. Diese Veränderungen sind allerdings sehr klein und führen zu keinen anderen Erkenntnissen.

Nicht nur die Spanwinkel sind von Interesse bei der Analyse der Fertigungsprozesse. Auch die Freiwinkel haben einen wesentlichen Einfluss auf die Belastung der

Schneidkante. **Bild 5.32** zeigt die Wirk-Normalfreiwinkel über die abgewickelte Schneidkantenlänge.

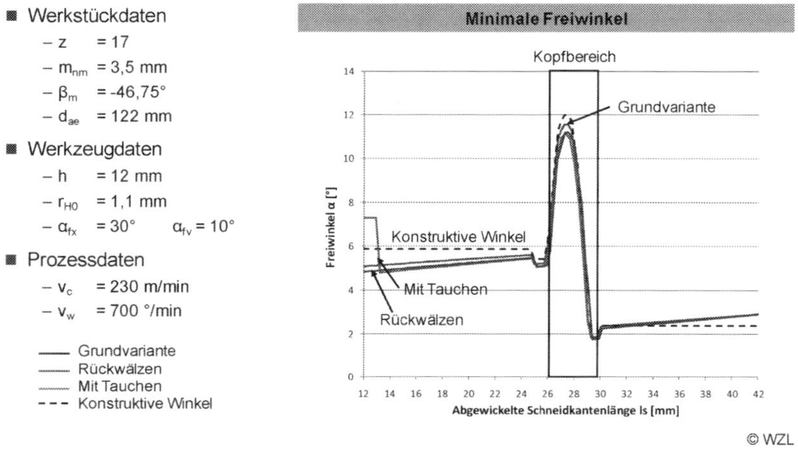

Bild 5.32: Vergleich der konstruktiven und Wirk-Normalfreiwinkel
Comparison of the Clearance Angle and the Working Clearance

Der Verlauf der konstruktiv vorgegebenen Normalfreiwinkel ist in dem Diagramm als gestrichelte Linie dargestellt. Hier fällt, wie bei den Spanwinkeln, ein konstanter aber unterschiedlicher Verlauf zwischen den Flanken auf. Auf der konvexen Flanke liegen die Normalfreiwinkel bei etwa 6°, auf der konkaven Flanke oberhalb von 2°. Am Kopf des Stabmessers steigen die Freiwinkel auf etwa 12° an. Auch bei den Freiwinkeln ist der Bereich zu erkennen, in dem die Protuberanz am Stabmesser auftritt. Hier sind die Normalfreiwinkel kleiner als an der Flanke.

Von diesem konstruktiven Verlauf zeigen die effektiv auftretenden Winkel eine deutliche Abweichung. Bei der Grundvariante sind an der konvexen Flanke die Wirk-Normalfreiwinkel kleiner als die konstruktiv Vorgegebenen. Über die abgewickelte Schneidkantenlänge werden sie zum Kopf des Stabmessers größer. Sie erreichen nahezu das Niveau der konstruktiv vorgegebenen Winkel. Daraus wird ersichtlich, dass sich die Wirkbewegung über die Schneidkantenlänge verändert. An der konkaven Flanke sind die Wirk-Normalfreiwinkel größer als die konstruktiv vorgegebenen Winkel. Die Veränderung der Winkel ist nicht so groß, wie an der konvexen Flanke. Bei genauer Betrachtung fällt auf, dass die Wirk-Normalfreiwinkel im Bereich der Protuberanz an der konkaven Flanke die kleinsten Beträge aufweisen. Diese fallen sogar unterhalb von 2°. Diese Reduktion der effektiv auftretenden Freiwinkel deutet auf eine große Belastung der Freifläche hin. Dies war schon in den Verschleißbildern zu erkennen. Bild 5.29 hat gezeigt, dass über einen kleinen Bereich starker Freiflächenverschleiß aufgetreten ist. Dieser Verschleiß hat über die Schneidkantenlänge unerwartet aufgehört. Hier hat es sich um den Übergang von der Protuberanz zu der

Flanke gehandelt. Genau an diesem Übergang steigen auch die Wirk-Normalfreiwinkel an. Es kann also davon ausgegangen werden, dass der beobachtete Freiflächenverschleiß durch eine große Belastung in Form von der Wirklänge und der kleinen Spanwinkel in Kombination mit den kleinen Wirk-Normalfreiwinkeln hervorgerufen wird.

Ein Unterschied zwischen der Grundvariante und dem Prozess mit zusätzlichem Tauchzyklus kann, wie beim Spanwinkel, nicht beobachtet werden. Unterschiede sind aber bei einer Umkehr der Wälzrichtung zu erkennen. Ähnlich wie bei den Wirk-Normalspanwinkeln sind auch die Wirk-Normalfreiwinkel kleiner als bei der Grundvariante. Hier kommt es ebenfalls zu einer Veränderung der Wirk-Bewegung.

Die bisher durchgeführten Untersuchungen zeigen, dass zwischen Simulation und Versuch sehr gute Übereinstimmungen auftreten. Es kann sogar der beobachtete Verschleiß durch die berechneten Spanbildungskenngrößen erklärt werden.

Eine weitere Analyse der Fertigungsprozesse soll anhand der Zerspankräfte durchgeführt werden. Sie bilden die Gesamtheit aller Zerspankenngrößen und wurden in Kapitel 5.2 bereits verifiziert. **Bild 5.33** zeigt den Verlauf der Zerspankräfte für die verschiedenen Prozesse.

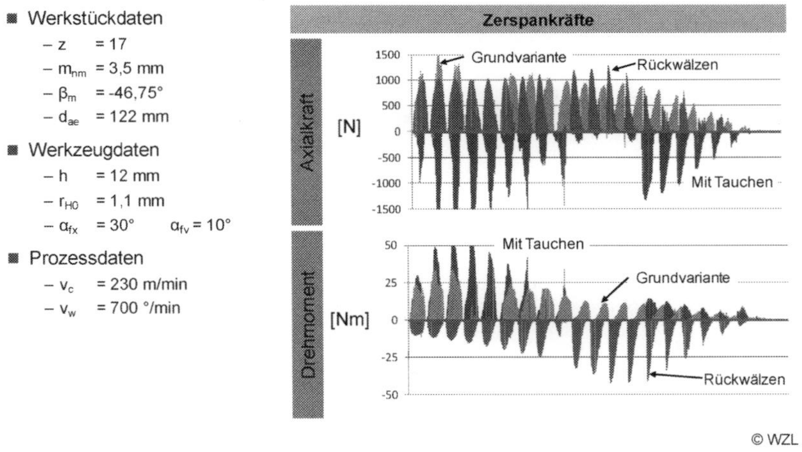

Bild 5.33: Vergleich der Prozesskräfte
Comparison of the Cutting Forces

In dem Bild sind die Verläufe der Zerspankräfte und der Drehmomente für die drei Prozessvarianten zu erkennen. Bei der Grundvariante steigen die Axialkräfte zunächst stark an. Dann wird ein Maximum erreicht, wonach die Kräfte kontinuierlich bis zum Ende des Bearbeitungsprozesses sinken. Bei der Grundvariante handelt es sich um einen wälzenden Fertigungsprozess, bei dem vom großen zum kleinen Durchmesser gewälzt wird. Das bedeutet, dass zu Beginn des Fertigungsprozesses die größten Spanungsbreiten auftreten. Die Spanungsbreiten sind also in erster Linie für den Verlauf der Axialkräfte verantwortlich. Ein sehr ähnlicher Verlauf ist bei den Momenten um die Drehachse zu erkennen. Auch hier treten die größten Belastungen zu Beginn des Bearbeitungsprozesses auf. Die Ursachen sind ebenfalls in der Größe der Spanungsbreite zu finden.

Abweichend von dem Verlauf der Bearbeitungskräfte der Grundvariante, ergibt sich für die Prozessvariante, bei der die Wälzrichtung variiert wurde, ein deutlich anderer Verlauf. Hier treten die maximalen Belastungen der Axialkraft und der Drehmomente gegen Ende des Bearbeitungsprozesses auf. Wie bereits erläutert, verändern sich die Zerspanbedingungen zu der Grundvariante sehr stark. Bei dieser Variante wird vom kleinen zum großen Durchmesser am Ritzel gewälzt. Das bedeutet, dass zu Beginn die Spanungsbreiten aufgrund der kleinen Verzahnungshöhe kleiner sind, und die Größten zum Ende des Fertigungsprozesses auftreten. An dieser Stelle sind auch die Bearbeitungskräfte am größten.

Bei Betrachtung der Prozessvariante mit zusätzlichem Tauchzyklus fallen Unterschiede zu der Grundvariante auf. Hier werden die Axialkräfte und die Drehmomente in der Mitte des Bearbeitungsprozesses kleiner. Der Grund dafür liegt in der bereits gefertigten Zahnlücke durch den zusätzlichen Tauchzyklus. Abgesehen davon, weist dieser Prozess eine große Ähnlichkeit mit der Grundvariante auf. Um den Bearbeitungsprozess besser auf die Belastungen anzupassen, ist eine Veränderung der Tauchposition auf einen Wälzwinkel zu Beginn des Bearbeitungsprozesses notwendig, denn hier treten die größten Belastungen auf.

Die Untersuchungen haben gezeigt, dass die Belastungen beim Kegelradfräsen nicht nur durch die Prozessparameter, wie z. B. dem Wälzvorschub, beeinflusst werden können. Vielmehr kann die Bearbeitungsstrategie selbst verändert werden. So ist es zum Beispiel möglich, die Wälzrichtung zu ändern oder einen zusätzlichen Tauchzyklus einzusetzen. Die genannten Variationen haben einen großen Einfluss auf die Belastungskollektive der Schneidkante und können somit gesteuert werden. Des Weiteren besteht beim Kegelradfräsen die Möglichkeit Vorschubrampen oder eine Veränderung der Werkzeuggeometrie, welche die Belastungen der Schneidkante beeinflussen, zu variieren. Ein spezieller Fertigungsprozess muss somit abhängig vom Bearbeitungsfall angepasst werden. Weiterhin wurde gezeigt, dass mit dem Simulationssystem die Verschleißerscheinungen am Stabmesser erklärt werden konnten und damit die Berechnungen eine Analyse des Zerspanvorgangs ermöglichen.

5.4 Fazit

Conclusion

Die vorangegangenen Untersuchungen haben Unterschiede der Kegelradfräsprozesse auf die Belastung der Schneidkante aufgezeigt. Diese Prozesse werden durch das entwickelte Simulationssystem abgebildet und können analysiert werden. Das Spektrum reicht von kinematisch einfacheren Prozessen, wie dem Tauchen, bis zu sehr komplexen Prozessen, wie den Wälzprozessen mit einer zusätzlich modifizierten Kinematik. Die Simulation hat den Vorteil, dass auch für modifizierte Prozesse eine statistische Auswertung der Spanungsdicken und die tatsächlich auftretenden Wirk-Winkel durchgeführt wird. Damit können die Einflüsse von modifizierten Prozessparametern untersucht werden.

Einflüsse auf das Bearbeitungsergebnis haben neben den Prozessparametern, wie z. B. die Schnittgeschwindigkeit, die Vorschubgeschwindigkeit oder die Prozessstrategie auch weitere Faktoren, wie das statische und dynamische Verhalten der Maschine, oder das Werkzeug. Diese Faktoren sind beispielhaft in **Bild 5.34** aufgeführt.

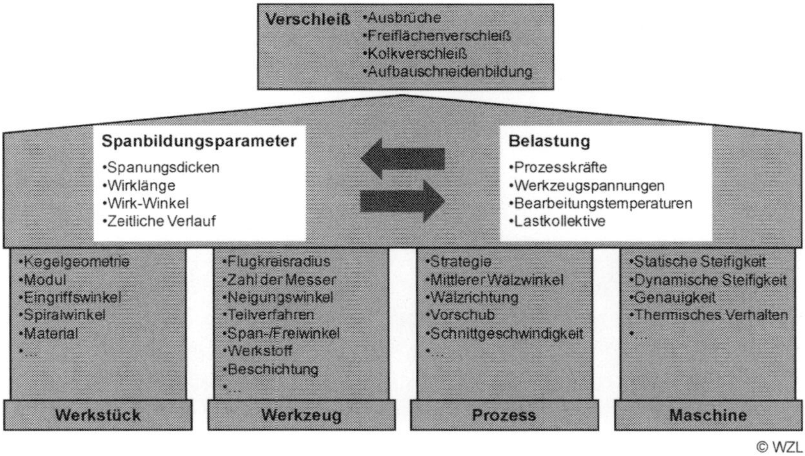

Bild 5.34: Einflüsse auf den Werkzeugverschleiß
Influences on the Tool Wear

Wie erwähnt lassen sich die Spanbildungsparameter und Belastungen am Werkzeug mithilfe vieler Parameter beeinflussen. In den gezeigten Untersuchungen wurden die Prozessparameter variiert. Dadurch kann in erster Linie das Niveau der Schneidkantenbelastung verändert werden. Des Weiteren wurde die Prozessstrategie variiert. In diesem Fall ist ein anderes Belastungskollektiv erzeugt worden.

Aber auch andere, nicht prozessbedingte Parameter, haben einen Einfluss auf die Spanbildungsparameter. Es ist leicht ersichtlich, dass durch eine veränderte Werkstückgeometrie auch die Spanbildungskenngrößen verändert werden. Wird zum Beispiel der Modul geändert, führt das zu einer Vergrößerung des gesamten Bauteils. Dadurch wird nicht die Geometrie der Späne verändert, aber die Größe der einzelnen Späne. Das hat eine Steigerung der Bearbeitungskräfte zur Folge. Bei einer Veränderung der Eingriffs- oder Spiralwinkel ändern sich ebenfalls die Eingriffsverhältnisse. Dies kann einen Einfluss auf die Spanungsdicken oder Wirklängen haben. Dadurch wird deutlich, dass durch eine Veränderung der Verlauf der Spanungsgeometrien nicht als Ganzes geändert wird, aber die Belastungen der Schneidkante sich unterscheiden. Aus diesem Grund sind die Ergebnisse für jede Kegelradverzahnung unterschiedlich und können nur im Allgemeinen übertragen werden. Aus diesem Grund sollte schon bei der Auslegung einer Kegelradverzahnung auch die Wirtschaftlichkeit der Fertigung berücksichtigt werden.

Einen wesentlichen Einfluss auf die Spanbildungskenngrößen hat auch das Werkzeug. Hier ist vorstellbar, dass sich bei einer Veränderung der Werkzeuggeometrie auch die Belastungen an der Schneidkante anders verteilen. Ein durch die Simulation identifizierter ungünstiger Belastungszustand der Schneidkante, kann z. B. durch eine Veränderung der Werkzeuggeometrie eliminiert werden. Des Weiteren muss festgehalten werden, dass auch der Werkstoff und die Beschichtung einen Einfluss auf die ertragbaren Belastungen der Schneidkante und damit die Lebensdauer haben. Diese können jedoch in der geometrischen Simulation nicht abgebildet werden.

Die in den Ausführungen vorgestellten geometrischen und kinematischen Parameter können durch die Simulation nachgebildet werden. Die Einflüsse dieser Parameter auf die Spanbildungsparameter können analysiert werden. Die erstellte Simulation bildet also eine Basis, auf die in Zukunft aufgebaut werden kann, um so den Kegelradfräsprozess im Detail zu analysieren.

Neben einer Veränderung der Geometrie oder des Prozesses hat auch die Werkzeugmaschine selbst einen Einfluss auf die Belastungen an der Schneidkante. Es kann vorkommen, dass Rattererscheinungen aufgrund der Prozessdynamik während des Bearbeitungsprozesses auftreten. Dadurch treten veränderliche Aufmaßverhältnisse zwischen Werkzeug und Werkstück auf, was einen Einfluss auf die Spanbildungskenngrößen hat, und zu einer Überlastung der Schneidkante führen kann. In Zukunft müssten solche Erscheinungen in der Simulation ebenfalls berücksichtigt werden.

Alle genannten Parameter beeinflussen die Spanbildung. Die Spanbildungsparameter stehen also im direkten Zusammenhang zur Belastung der Schneidkante. So ist bei einer größeren Spanungsdicke auch die Zerspankraft größer. Es kann auch gesagt werden, dass bei einem größeren Wirkweg die Temperatur an der Schneidkante durch Reibung steigt. Allerdings kann anhand einzelner Parameter nicht eine allgemeine Belastung der Schneidkante berechnet werden. Jeder Span hat einen Einfluss auf die Standzeit der Werkzeuge. Aus diesem Grund muss auch das gesamte Lastkollektiv berücksichtigt werden, welches sich aus dem zeitlichen Verlauf der Spanbildungskenngrößen ableitet.

Nur durch eine Berücksichtigung dieser Parameter kann es in Zukunft möglich werden, Ursachen für den Werkzeugverschleiß zu finden. Dabei gilt es zu berücksichtigen, dass verschiedene Formen von Verschleiß existieren. Neben den Ausbrüchen oder dem Freiflächenverschleiß gibt es beispielsweise den Kolkverschleiß. Zudem kann es vorkommen, dass im Prozess Aufbauschneidenbildung auftritt, die zu einem Versagen des Werkzeugs führen kann. Die unterschiedlichen Verschleißformen haben auch unterschiedliche Ursachen in den Spanbildungsparametern. Diese Ursachen sind bis jetzt nicht bekannt. Aus diesem Grund kann bis zu dem jetzigen Zeitpunkt von den Spanbildungskenngrößen kein Rückschluss auf die Standzeit eines Werkzeugs gezogen werden. Es ist aber mit dem geschaffenen Simulationssystem möglich, den Kegelradfräsprozess hinsichtlich diverser Spanbildungskenngrößen detailliert zu analysieren und bei einem vorhandenen Verschleißbild die Ursachen zu identifizieren und zukünftig zu eliminieren.

6 Zusammenfassung und Ausblick

Bei der Herstellung von Kegelrädern verursachen die Werkzeuge einen hohen Anteil der Produktkosten. Sie entstehen durch große Material- und Aufbereitungskosten, sowie durch die langen Zeiten zum Einrichten der Messerkopfsysteme nach einem Werkzeugwechsel. Daher bietet die Standzeitmaximierung ein hohes Potenzial zur Verbesserung der Wirtschaftlichkeit der Kegelradfräsprozesse.

Eine Optimierung der Werkzeugstandzeit ist erst möglich, wenn eine Vorhersage der Schneidenbelastung getroffen werden kann. Die Belastungen werden in erster Linie durch die Zerspanbedingungen im Prozess bestimmt. Aufgrund der komplexen kinematischen Zusammenhänge beim Kegelradfräsen sind die Zerspanbedingungen nur schwer vorhersagbar. Eine Reduktion der Zerspanbedingungen auf einen einfachen Dreh- oder Fräsprozess sind nicht möglich. Deshalb wird es notwendig, die Zerspanbedingungen mittels einer Simulation zu ermitteln.

Aus diesem Grund ist ein neuartiges Simulationssystem entwickelt worden, mit dem in Zukunft ein Kegelradfräsprozess simuliert werden kann. Dieses System ist durch einen modularen Aufbau geprägt, der eine Erweiterbarkeit und eine einfache Wartung prägt. Durch die komplexen Geometrien der Kegelräder und der Bewegungen im Bearbeitungsprozess ist dabei in erster Linie auf universell verwendbare Algorithmen geachtet worden. Durch Bibliotheken können Kegelräder, Werkzeuge und Bewegungen der Kegelradfertigung abgebildet werden. Für die Analyse der Prozesse sind vor allem die Spanbildungskenngrößen notwendig. Aus diesem Grund sind Module implementiert worden, welche z. B. die Spanungsdicken, die Wirklängen und die Wirk-Winkel berechnen. Durch diese Umsetzung ist eine vollständige 3 dimensionale Zerspansimulation auf Basis der Durchdringungsrechnung mit großer Flexibilität entstanden.

Mithilfe des Systems sind erste Simulationen durchgeführt worden. Ziel dieser ersten Variationen war nicht die Optimierung beispielhafter Fertigungsprozesse, sondern vielmehr eine Variation einzelner Prozessparameter, um ein grundlegendes Verständnis der Kegelradfräsprozesse aufzubauen und die Ergebnisse zu verifizieren.

Dafür wurde zunächst ein Tauchprozess eines Tellerrades simuliert. Beim Tauchprozess sind die Bewegungen im Prozess einfach, sodass sie mit analytischen Ansätzen gut abgeschätzt werden können. Bei tauchenden Prozessen treten die größten Belastungen in Form von Spanungsdicken am Kopf der Stabmesser auf. An den Flanken sind die Spanungsdicken aufgrund der Flankenwinkel geringer. Ein Vergleich zeigt eine gute Übereinstimmung der Abschätzung mit der Simulation.

Als Nächstes wurden die Prozessparameter eines wälzenden Prozesses eines Kegelritzels variiert. Bei diesem Prozess sind die Zerspanbedingungen nicht einfach abzuschätzen. Eine Simulation wird für eine Analyse notwendig. Bei der Variation der Prozessparameter sind die Wälzvorschübe verändert worden. Diese Variation führt zum einen zu einer Vergrößerung der mechanischen Belastung durch größere Spanungsdicken, zum anderen zu einer Reduktion der thermischen Belastung durch eine

Verkleinerung der Wirklänge. Die Werkzeugschneide durchläuft demzufolge insgesamt weniger Zyklen mit einer größeren individuellen Belastung. Diese Bedingungen müssen an die ertragbaren Belastungen der Werkzeugschneide angepasst werden. Des Weiteren konnte gezeigt werden, dass die berechneten Zerspankräfte in der gleichen Größenordnung liegen, wie die in einem Realprozess gemessenen Kräfte. Das lässt Rückschlüsse auf die Güte der Simulationsergebnisse zu.

Schließlich wurde die Prozessstrategie geändert. Durch die Veränderung konnten deutliche Unterschiede in der Belastung der Schneidkante aufgezeigt werden. Zusätzlich konnten die real gemessenen Verschleißerscheinungen auf die simulierten Spanbildungsparameter zurückgeführt werden. Durch eine Variation des Prozesses oder der Werkzeuggeometrie könnte so der Verschleiß reduziert werden. Möglichkeiten für eine Variation der Fertigungsprozesse wurden aufgezeigt.

Die Untersuchungen zeigen die gute Qualität der Berechnungsergebnisse. Zusätzlich machen die Untersuchungen deutlich, dass bei Verschleißerscheinungen am Werkzeug die berechneten Spanbildungskenngrößen Rückschlüsse auf die Ursache zulassen. In Zukunft wird also eine detaillierte Analyse des Kegelradfräsens möglich sein. Wenn die Ursachen der Verschleißerscheinungen bekannt sind, dann kann eine Änderung des Fräsprozesses vorgenommen werden, mit dem Ziel, die Belastungen zu verkleinern.

Bis zum jetzigen Zeitpunkt existieren aber keine Informationen, welchen Belastungen ein Werkzeug standhalten kann. Aus diesem Grund sollten die Untersuchungen dahingehend weitergeführt werden, den unterschiedlichen Verschleißerscheinungen eine Ursache in Form der Spanbildungskennwerte zuzuordnen. Es wurde zudem gezeigt, dass diese Einflüsse sehr vielfältig sein können, und deswegen vom Werkstück bis zur Werkzeugmaschine das gesamte System der Fertigung analysiert werden muss. Für diese Untersuchungen ist ein Grundstein gelegt worden. Auf diese Basis muss in Zukunft aufgebaut werden, um so die Fertigungsprozesse besser verstehen und optimieren zu können.

Summary and Outlook

The main cost drivers of cutting processes for bevel gears are the tools. These costs result from high material cost and refinishing effort but also from long setup times for the tools. For that reason the maximization of the tool life offers a huge potential for increasing the profitability of the manufacturing process.

Restrictively, an optimization of the tool life would be achievable if it is possible to predict the load on the cutting edge. These loads are mainly defined by the chip creation parameters in the manufacturing process. Due to the complex movements during manufacturing the chip creation parameters can hardly be predicted today. Therefore, it is necessary to simulate the entire manufacturing process.

In this paper a new simulation system has been developed to achieve this goal. To reproduce the flexibility of modern manufacturing processes, a modular concept was chosen. This concept is easily extended and single routines can be adapted to new manufacturing methods. Additionally the geometry of the bevel gears and the movements during manufacturing require equally flexible all-purpose algorithms. The library developed in this paper has the ability to simulate nearly the entire spectrum of bevel gears, tools and movements. In order to analyze the manufacturing process a special focus was laid on the calculation of the chip creation parameters. For example the chip thickness, the resultant cutting path length and the working angles on the cutting edge can be calculated. By applying the new implementation, a fully 3 dimensional simulation based on the penetration calculation can be realized for the first time.

The functionality of the new simulation system was demonstrated by simulating various manufacturing processes. The main goal of this work was the variation of processes and not the optimization of one single process. This laid the ground for a basic understanding of bevel gear cutting and a verification of the results.

At first the plunge of a bevel gear was simulated. During the plunge process the movements are relatively simple compared to the generating processes. Furthermore the chip creation parameters can be simply determined by an analytical approach. During manufacturing the largest chip thickness occurs at the tip of the cutting blades. At the flanks the chip thickness is smaller because of the corresponding pressure angle. A comparison with the simulated values shows a good correspondence to analytically determined chip creation parameters.

Sequentially, the process parameters of a generating manufacturing method for a bevel pinion were varied. Compared to the plunge manufacturing process the chip creation parameters can not easily determined because of the additional rolling motion. Therefore, a simulation becomes necessary. The varied parameter was the rolling feed. Increasing feeds lead to an increasing mechanical load on the cutting edge through a higher chip thickness. The thermal load was decreased due to a smaller resultant cutting path length. Summarized, the cutting edge experiences fewer load cycles with a larger individual mechanical load. To increase the tool life these conditions have to be adjusted to the bearable loads on the blade. Furthermore it could be verified that the calculated cutting forces are similar to the measured ones in a real manufacturing process.

Finally the overall cutting method was altered. This results in varying load patterns on the cutting edge. Now the obvious changes to the chip creation parameters can be quantified for the first time. A specific design of the manufacturing process with respect to the wear of the tool becomes possible. Additionally, the real wear of the cutting blades could be correlated with the simulated chip creation parameters. Consequently, the simulation results can successfully describe the conditions for the real manufacturing process. Additionally a directed optimization of manufacturing processes becomes feasible.

Until now there is no information to what extend the cutting blades can resist the loads. For that reason further investigations on the tool wear and the influences of the chip creation parameters seem very reasonable. Also it was shown that the reasons for the tool wear can be manifold. This work creates a basis for a detailed analysis of all the influential parameters on the manufacturing result.

7 Literaturverzeichnis

References

[AKEN02] Akenine-Möller, T.; Haines, E.: *Real-Time Rendering, Second Edition*
A.K. Peters, Natick, Massachusetts, 2002

[AKIM96] Akima, H.: *Algorithm 761: scattered-data surface fitting that has the accuracy of a cubic polynomial*
In: Transactions on Mathematical Software, Vol. 22, No. 3, September, 1996, S. 362-371, ACM Press, New York

[ALTI00] Altintas, Y.: *Manufacturing Automation: Metal Cutting Mechanics, Machine Tool Vibrations, and CNC Design*
Cambridge: Cambridge University Press, 2000

[ALTI04] Altintas, Y.; Weck, M.: *Chatter Stability in Metal Cutting and Grinding*
In: Annals of the CIRP, Key Note Paper of STC-M, Jrg. 53, Nr. 2, 2004

[BALL05] Ball, P.: *Critical Mass – How One Thing Leads to Another*
Arrow Books, London, 2005

[BANK01] Banks, J.; Carson, J. S.; Nelson, B. L.; Nicol, D.: *Discrete-Event System Simulation, 3rd Edition*
Prentice Hall, Upper Saddle River, New Jersey, 2001

[BEUL98] Beulker, K.: *Ermittlung der realen Verzahnungsgeometrie von Stirn- und Kegelradgetrieben durch Simulation der Herstellverfahren*
Dissertation, RWTH Aachen, 1998

[BURG01] Burghardt, M.: *Parallele Netzgenerierung für ebene und räumliche Problemstellungen aus dem Bauwesen*
Dissertation, Universität Darmstadt, 2001

[BOLG04] Bol, G.: *Deskriptive Statistik*
Oldenbourg, München, 2004

[BREC04] Brecher, C.; Rütjes, U.: *Ermittlung von Spanbildungskenngrößen beim Kegelradfräsen*
Bericht zum Seminar „Trockene Zahnradvorbearbeitung", WZLforum, RWTH–Aachen, 2004

[BRON99] Bronstein, I.N., Semendjaev, K. A.: *Taschenbuch der Mathematik für Ingenieure und Studenten*
Verlag Harry Deutsch, Frankfurt am Main, 4. Auflage, 1999

[DELA34] Delaunay, B.: *Sur la sphere vide*
In: Bulletin of Academy of Sciences of the USSR, 1934

[DIN3971] N. N.: DIN 3971: Begriffe und Bestimmungsgrößen für Kegelräder und Kegelradpaare
Beuth – Verlag, Berlin, 1985

[DIN6580] N. N.: DIN 6580: *Bewegungen und Geometrie des Zerspanvorgangs*
Beuth – Verlag, Berlin, 1985

[DIN6581] N. N.: DIN 6581: *Begriffe der Zerspantechnik – Bezugssystem und Winkel am Schneidteil des Werkzeugs*
Beuth – Verlag, Berlin, 1985

[DWYE86] Dwyer, R.A.: *A Simple Devide-and-Conquer Algorithm for Computing Delaunay Triangulations in O(n log(n)) Expected Time*
Computer Science Department, Carnegie-Mellon University, Pittsburgh, PA, USA, 1986

[ESCH96] Escher, K.: *Simulation und Optimierung der Erzeugung von Zahnflankenmodifikationen an Zylinderrädern*
Dissertation RWTH-Aachen, 1996

[FANG00] Fang, N.; Jaeahir, I.S.: *Analytical predictions of cutting force ratio, chip thickness, and chip back-flow angle in restricted contact machining using the universal slip-line model*
In: Machine Tool & Manufacture, Jrg. 42, 2000, S. 681-694

[GAIS04] Gaiser, U.: *UMC – neuste Erfahrungen und Erkenntnisse aus der Praxis*
Bericht zum Seminar "Innovationen rund ums Kegelrad", WZL, RWTH-Aachen, 2004

[GARR01] Garrido, J. M.: *Object-Oriented Discrete-Event Simulation with Java – A Practical Introduction*
Kluwer Academic/Plenum Publishers, New York, 2001

[GASS84] Gassner, E., Kreutz, P.: *Bedeutung des Programmbelastungsversuchs als einfachste Form der Simulation zufallsbedingter Beanspruchungen*
VDI Verlag, Düsseldorf, 1984

[GUTM88] Gutmann, P.: *Zerspankraftberechnung beim Wälzfräsen*
Dissertation RWTH-Aachen, 1988

[HART72] Hart, J.: *Die Werkzeugmaschinen der Maschinenfabrikation*
Mannheim: Technischer Verlag, 1872

[HELD97] Held, M.: *ERIT – A Collection of Efficient and Reliable Intersection Tests*
A K Peters, Journal of Graphics Tools, Vol. 2 Number 4, S. 25-44, 1997

[HOFF70] Hoffmeister, B.: *Über den Verschleiß am Wälzfräser*
Dissertation RWTH-Aachen, 1970

[HÜNE01] Hünecke, C.: *Untersuchungen zur Zahnfußbeanspruchung bogenverzahnter Kegelräder ohne und mit Achsversatz auf Basis der genauen Zahngeometrie*
Dissertation Technische Universität Dresden, 2001

[KIEN52] Kienzle, O.: *Die Bestimmung von Kräften und Leistungen an spanenden Werkzeugen und Werkzeugmaschinen*
In: VDI-Z, Jrg. 94 ('52), H. 11/12, 1952

[KLEI07] Klein, A.: *Spiral Bevel and Hypoid Gear Tooth Cutting with Coated Carbide Tools*
Dissertation RWTH-Aachen, 2007

[KLIN08] Klingelnberg, J.: *Kegelräder – Grundlgen, Anwendung*
Springer Verlag, Berlin, 2008

[KLOC05] Klocke, F.; Brecher, C.; Rütjes, U.: *Manufacturing Simulation of the Cutting Process for Bevel Gears*
Springer Verlag, Düsseldorf, 2005

[KLOC06] Klocke, F.; Bouzakis, E.; Schalaster, R.: *Möglichkeiten der Fertigungssimulation bei der Vorbearbeitung von Großverzahnungen*
In: Seminar „Aktuelle Entwicklungen beim Vorverzahnen" Aachen, 2006

[KÖNI97] König, W.; Klocke, F.: *Fertigungsverfahrern – Drehen, Fräden, Bohren*
Springer Verlag, Berlin, 5. Auflage, 1997

[KRUM67] Krumme, W.: *Klingelnberg-Spiralkegelräder: Berechnung, Herstellung und Einbau*
Springer-Verlag, Berlin, 1967

[LAND03] Landvogt, A.: *Einfluss der Hartfeinbearbeitung und der Flankentopographieauslegung auf das Lauf- und Geräuschverhalten von Hyppoidverzahnungen mit bogenförmiger Flankenlinie*
Dissertation RWTH-Aachen, 2003

[LECH94] Lechner, G.; Naunheimer, H.: *Fahrzeuggetriebe – Grundlagen, Auswahl, Auslegung und Konstruktion*
Springer Verlag, Berlin, 1994, S. 169-173

[LINK96] Linke, H.: *Stirnradverzahnung*
Fachbuchverlag, Leipzig, 1996

[LITV94] Litvin, F. L.: *Gear Geometry and Applied Theory*
PTR Prentice-Hall, Englewood Cliffs, 1994

[LOOM96] Looman, J.: *Zahnradgetriebe – Grundlagen, Konstruktionen, Anwendungen in Fahrzeugen*
Springer Verlag, Berlin, 1996, S. 368-397

[LUEB02] Luebke, D., Reddy, M., Cohan, J. D.: *Level of Detail for 3D Graphics.: Application and Theory*
Morgan Kaufmann, San Francisco, 2002

[LUNA06] Lunau, S.; John, A.; Meran, R.; Roenpage, O.; Staudter, C.: *Six Sigma + Lean Toolset – Verbesserungsprojekte erfolgreich durchführen*
Springer Verlag, Berlin, 2006

[MAIU07] Maiuri, T. J.: *Spiral Bevel and Hypoid Gear Cutting Technology Update*
In: Gear Technology, Juli 2007, S. 28-39

[MCCO96] McConnell, S.: *Rapid Development – Taming Wild Software Schedules*
Microsoft Press, Redmond, 1996

[MERC45] Merchant, M.E.: *Mechanics of the metal cutting process. Orthogonal cutting and type 2 chip*
In: Journal of Applied Physics, Jrg. 16, Nr. 5, 1945, S. 267-275

[MIKO04] Mikoleizig, G.: *Neue Wege in der Kegelradmesstechnik – hohe Informationsdichte, dynamisch und genau*
Bericht zum Seminar "Innovationen rund ums Kegelrad", WZL, RWTH Aachen, 2004

[MLLR00] Müller, H.: *Grundlagen der Kegelradverzahnung*
Bericht zum Seminar "Innovationen rund ums Kegelrad", WZL, RWTH Aachen, 2000

[MLLR04] Müller, H.: *Neue Wege in der Prozesstechnik*
Bericht zum Seminar "Innovationen rund ums Kegelrad", WZL, RWTH Aachen, 2004

[NIEM86] Niemann, G.; Winter, H.: *Maschinenelemente Bd. 3- Schraubrad-, Kegelrad-, Schnecken-, Ketten-, Riemen-, Reibradgetriebe, Kupplungen, Bremsen, Freiläufe*
Springer Verlag, Berlin, 1986

[NN07a] Handelsblatt: *IG Metall macht Airbus mobil*
Nr. 024, 02.02.2007, S. 14.

[NN07b] Handelsblatt: *Chrysler bereitet sich auf neue Sparrunde vor*
Nr. 162, 23.08.2007, S. 15.

[NN07c] Aral Studie Trends beim Autokauf 2007: *Hinterm Steuer sitzen kühle Rechner – keine heißen Umweltschützer*
http://www.aral.de/aral/genericarticle.do?categoryId=4001111&contentId=7036283
Stand: 14.09.2007

[NN07d] Wikipedia: *Delaunay Triangulation*
http://de.wikipedia.org/w/index.php?title=Delaunay-Triangulation&oldid=33974476
Stand: 17.09.2007

[NN07e] Sun Microsystems: *Numerical Computation Guide*
http://docs.sun.com/source/806-3568/ncgTOC.html
Stand: 26.09.2007

[NN07f] Wikipedia: *Histogramm*
http://de.wikipedia.org/w/index.php?title=Histogramm&oldid=33953898
Stand: 17.09.2007

[PEIF02] Peiffer, K.: *Trockenbearbeitung beim Wälzfräsen – gestern, heute, morgen*
In: Tagungsband: „Trockene Zahnradvorbearbeitung", Aachen, 2002.

[PFEI01] Pfeifer, T.: *Qualitätsmanagement – Strategien, Methoden, Techniken*
Hanser Verlag, München, 3. Auflage, 2001

[PIEG97] Piegl, L., Tiller, W.: *The NURBS Book. (Monographs in Visual Communications)*
Springer, Berlin, 2. Auflage, 1997

[RENK96a] Renka, R. J.: *Algorithm 751: TRIPACK: a constrained two-dimensional Delaunay triangulation package*
In: Transactions on Mathematical Software, Vol. 22, No. 1, March, 1996, S. 1-8, ACM Press, New York

[RENK96b] Renka, R. J.: *Algorithm 752: SRFPACK: software for scattered data fitting with a constrained surface under tension*
In: Transactions on Mathematical Software, Vol. 22, No. 1, March, 1996, S. 9-17, ACM Press, New York

[RENK99] Renka, R. J.: *Algorithm 790: CSHEP2D: cubic Shepard method for bivariate interpolation of scattered data*
In: Transactions on Mathematical Software, Vol. 25, No. 1, March, 1999, S. 70-73, ACM Press, New York

[SCHM07a] Schmitt, R., Reißiger, W.: *Statistische Grundlagen – Basiswissen induktive und deskriptive Statistik*
Bericht zum Seminar „Angewandte Statistik für die Qualitätssicherung", WZLforum, RWTH–Aachen, 2007

[SCHM07b] Schmitt, R., Reißiger, W.: *Praxisworkshop 1: Messdatenerfassung und statistische Auswertung*
Bericht zum Seminar „Angewandte Statistik für die Qualitätssicherung", WZLforum, RWTH–Aachen, 2007

[STAD87] Stadtfeld, H. J.: *Anforderungsgerechte Auslegung Bogenverzahnter Kegelradgetriebe*
Dissertation RWTH-Aachen, 1987

[STAD93] Stadtfeld, H. J.: *Handbook of Bevel and Hypoid Gears*
Rochester Institute of Technology, Rochester, 1993

[STAD00] Stadtfeld, H. J.: *Advanced Bevel Gear Technology*
The Gleason Works, Rochester, 2000

[STAD08] Stadtfeld, H. J.: *Kontinuierliches Verzahnen und Läppen oder Einzelteilverzahnen und Schleifen*
Bericht zum Seminar „Innvoationen rund ums Kegelrad", WZLforum, RWTH–Aachen, 2008

[WAUR07] Waurzyniak, P.: *Simulation NC Cutting Processes*
In: Manufacturing Engineering, Vol. 138, No. 6, June, 2007, S. 89-100, Society of Manufacturing Engineers, Dearborn

[WECK92] Weck, M.: *Moderne Leistungsgetriebe – Verzahnungsauslegung und Betriebsverhalten*
Springer Verlag, Berlin, 1992.

[WECK00] Weck, M.; Hemmelmann, J.: *Kegelradzahngeometrie – Programm zur Berechnung der Kegelradzahngeometrie mit Durchdringungstheorie auf allgemein beschreibbaren Verzahnmaschinen*
In: Forschungsheft 600, Forschungsvereinigung Antriebstechnik e.V., Frankfurt am Main, 2000

[WECK03] Weck, M.; Klocke, F.; Winter, W.; Winkel, O.: *Analysis of Gear Hobbing Process by Manufacturing Simulation*
In: Production Engineering – Research and Development, Volume X, Issue 1, Wissenschaftliche Gesellschaft für Produktionstechnik, 2003.

[WECK05] Weck, M.; Brecher, C.: *Werkzeugmaschinen – Maschinenarten und Anwendungsbereiche*
6. Auflage, Springer Verlag, Berlin, 2005

[WIEN99] Wiener, D.: *Entwicklungsstand bei der Fertigung von Kegelrädern* Bericht zum Seminar "Innovationen rund ums Kegelrad", WZL, RWTH Aachen, 1999

[WINK05] Winkel, O.: *Steigerung der Leistungsfähigkeit von Hartmetallfräsern durch eine optimierte Werkzeuggestaltung* Dissertation RWTH-Aachen, 2005

8 Lebenslauf

Resume

Persönliche Angaben

Name:	Uwe Alexaner Rütjes
Geburtstag, -ort:	01. Februar 1977, Emmerich
Nationalität:	Deutsch
Familienstand:	ledig

Schulbildung

1983 – 1987	Michael-Schule, Städt. Gem.-Grundschule Praest
1987 – 1996	Städt. Willibrord-Gymnasium, Emmerich
	Abschluss: Allgemeine Hochschulreife

Studium

1996 – 2002	Maschinenbaustudium an der RWTH – Aachen
	Vertiefungsrichtung: Produktionstechnik für Mikrosysteme
	Abschluss: Diplom-Ingenieur

Praktika

1996 – 1997	16 Wochen verschiedener Industriepraktika im Bereich Maschinenbau
2000 – 2001	Praktikant, The Gleason Works, Rochester, USA
2001	Schweißtechnische Lehranstalt, Aachen
	Abschluss: MAG - Basisqualifikation - MAG1-St

Berufstätigkeit

1998 – 2002	Studentische Hilfskraft, Werkzeugmaschinenlabor, RWTH-Aachen
	Gruppe Technologie der Zahnradfertigung.
2003 – 2008	Wissenschaftlicher Angestellter in der Abteilung „Getriebetechnik“ des Werkzeugmaschinenlabors (WZL) an der RWTH-Aachen Gruppe Getriebeberechnung und Fertigungssimulation
Seit 2008	Mitarbeiter der SONA BLW PRÄZISIONSSCHMIEDE GmbH, München

FSC
www.fsc.org
MIX
Papier | Fördert
gute Waldnutzung
FSC® C083411

Kolibri 360 GmbH
Ferdinand-Jühlke-Straße 7
99095 Erfurt, Deutschland
produktsicherheit@kolibri360.de